サイバー術
プロに学ぶ サイバーセキュリティ

Ben McCarty［著］　Smoky［訳］

Cyberjutsu
Cybersecurity for the Modern Ninja

マイナビ

原著公式サポートサイト（追加、正誤情報等）
※サイトの運営・管理は原著出版社が英語にて行っています。
　https://nostarch.com/cyberjutsu/

正誤に関するサポート情報
　https://book.mynavi.jp/supportsite/detail/9784839977382.html

本書(原著)はNIST800-53 rev.4をベースに執筆されています。

序文

　サイバーセキュリティは、私たちの経済的繁栄および社会的平和にとって未だかつて
ないほど重要な課題となっています。ビジネスにおける知的財産や、人々の個人情報を
なんとしても保護しなければなりません。サイバー犯罪はより高速に、創造的に、組織
化された賢いものへと変化し続けています。サイバーセキュリティの実践者は、どれだ
けのサイバー防衛策を実施しようとも、絶えず新しい脅威を発見し、新しい攻撃に対応
していくことになります。まさにサイバー軍備競争です。

　ここから 200 ページ以上にわたって、Benjamin McCarty がサイバーハッカーから情
報を守る方法を紹介しています。彼は私が 2017 年に知った優秀なサイバー脅威情報の
専門家であり、革新的なセキュリティ研究者です。Ben の主なメッセージは単純で、忍
者のように考えよう、というものです。このメッセージがいかにして 1 冊の本になったの
でしょうか？　完全な答えを得るには本書を読んでいただくしかありません。ですが大ま
かに言うならば、その答えは忍者が戦いのために用いる戦術や技術にあるといえます。

　15 年前、私が大学院にいたとき、セキュリティ工学の授業で最初に学んだ教訓は「ハッ
カーのように考える」ことでした。サイバーセキュリティのコミュニティにおいても、
このメッセージを長年にわたって宣伝してきました。しかし組織が毎年受け続けている
サイバー攻撃の数から判断すると、このメッセージは多くのサイバー防衛者に浸透して
いないようです。これには 2 つの理由が考えられます。第一に、このメッセージだけで
は詳細が不足しているため、実践が困難です。そして第二に、利用可能な詳細までを習
得することは非常に難しいのかもしれません。そこで、Ben はメッセージを「ハッカー
のように考えよう」から「忍者のように考えよう」へと変更することで、これら両方の問
題点に対処しています。

　「どうやって？」と思うかもしれません。答えは中世に記され、20 世紀の半ばまで厳重
に隠されていた忍者の巻物にあります。その巻物は最近、日本語から英語に翻訳されま
した。翻訳によって、忍者がどのように思考し、戦略を立て、行動するように訓練され
ていたかが明らかになりました。忍者たちは秘密のエージェントであり、その戦略と戦
術は厳重に秘匿されてきました。しかし巻物の公開によって明らかになった事実は、彼
らが諜報や偽装、奇襲といったミッションを何世紀にもわたって成功させてきた理由を
示しており、深く分析する価値があります。

　Ben はこれらの巻物を分析し、忍者が攻撃を行うために使用していた戦略、戦術、
および技術を拾い上げています。そしてそうした古い戦術や技術を、ハッカーがサ

イバー攻撃を行うために使用する現代のTTP（Tactics：戦術、Techniques：手法、Procedures：手順）に対応させています。プレイブックと手順を読むことで、セキュリティの専門家は忍者の考え方だけでなく、サイバー犯罪者の考え方についても理解しやすくなるでしょう。その理解があれば真に「ハッカーのように考え」、そのセキュリティ原則を取り込んだ技術を開発することができるはずです。このことはハッカーがとりうる動きを予測するのに役立つだけでなく、その動きに備えて防御を強化し、ハッカーが目標に到達するのを防ぐための時間を与えてくれます。

　Benによる忍者の巻物のサイバー防衛への利用が非常にスマートであるといえる理由は他にもあり、それはこれらの巻物が現実世界での攻撃を取り扱っていることです。すなわち物理的な物を参照して、物理的な環境内での動きを記述しています。物理的な環境は、サイバー環境や仮想環境と比べて、私たちの頭の中で視覚化するのがはるかに簡単です。ハッカーの戦術と手法を有形の資産に関連させて考えることで、ハッカーをより認識しやすくなるでしょう。まずハッカーがなんらかのTTPを適用して、資産を侵害したり、ある資産を別の資産に移動させたりする方法を想像するところから始めます。Benはそうした動きを中世の城に見立てて視覚化し、次いでそれらをサイバー環境に変換するのに役立つ、城塞理論の思考演習を各章で鮮やかに紹介しています。

　本書の読者は、Benが提示する豊富なヒントと戦略から大いに恩恵を受けることでしょう。サイバーセキュリティが私たちの経済の主要な柱のひとつになりつつある現在、これはタイムリーな貢献であるといえます。10年にわたる脅威情報の経験を持つBen McCartyは、忍者やハッカーのように思考し、個人の情報とデジタル経済全体の両方を守るための実践的なヒントを共有してくれるこの上ない人物です。

MALEK BEN SALEM, PhD
Security R&D Lead
Accenture

この本を書く気にさせてくれた、

私の愛しい Sarah と、

新しいアイデアを恐れ、

自分の弱さに気づかない無力な組織へ。

謝辞

　まずは、私の愛しい Sarah に感謝しなければなりません。初期の原稿を読んでくれたり、表紙についてアドバイスをくれたり、本を書くための自由を与えてくれたり、本当にありがとう。

　Chris St. Myers には、私がサイバースパイに関する深い脅威の情報調査を行っている間、あなたのリーダーシップのもとで私を惹きつけ、幸せにしてくれたことに感謝します。この経験は、私がサイバースパイの脅威となる人物の心を的確に捉えるために必要不可欠なものでした。あなたは私を止めることなく励ましてくれ、その過程で多くのことを教えてくれました。

　私の可能性を認め、最初のサイバー戦クラスと部隊に入れてくれた米陸軍の TRADOC 幹部と DETMEADE には、永遠に感謝しています。このユニークな経験は、私がサイバーセキュリティと操作のノウハウを理解する上で、特に有益なものでした。

　忍者の巻物を翻訳し、英語圏の人々に提供してくれた Antony Cummins と彼のチームにも感謝しています。あなたの努力と忍者に対する情熱があったからこそ、私はこの本を書くインスピレーションを得ることができました。

　原稿を改良し、私が誇りに思える本に仕上げてくれた No Starch Press の皆さん、ありがとうございました。

　最後に、私のサイバーセキュリティの旅に参加してくれたすべての人に感謝します。他のサイバーセキュリティの専門家から学ぶことは喜びであり、サイバーセキュリティと脅威に関する私の全体的な知識と理解を大いに深めることができました。この本を書くためには、そのすべてが必要でした。

本書の発刊によせて

　温故知新という四字熟語があります。

　元来は「子曰く、故きを温めて新しきを知れば、もって師たるべし。」（子曰、温故而知新、可以為師矣。）という有名な教えで、以前学んだことや昔の事柄をしっかりと理解し新しい知識や道理を知ることができれば、師となることができるというものです。

　サイバー攻撃は、いまやテレビや新聞などでも定期的に取り上げられるほど身近なものとなり、事例や経験が ATT&CK や D3FEND、The Unified Kill Chain といった形で広く共有される世の中となりました。企業の情報セキュリティエンジニアや情報セキュリティの研究者はこれらの情報から日々新しい知識を発見し、安全性の向上に努めています。

　本書ではその知識発見の視野を、サイバー攻撃のみならず日本の「忍者の秘術」にまで広げ、昨今のサイバーセキュリティ空間に活用できる新たな知識や道理を見つけるという試みが行われます。一見すると紐付かないような「忍者の秘術」と「サイバーセキュリティ」が筆者により巧みに結びつけられていくのを読むにつれ、情報セキュリティの分野へ活用できる知識が世の中にはまだまだあるということに気づかされることでしょう。

　本書によって、よりもっと多くの分野から「温故知新」が進み、より安全で信頼できる情報化社会が広がっていくことを願ってやみません。

　最後に、この興味深い本を執筆された著者の Ben McCarty 様、本欄への機会を頂いたマイナビ出版の山口様に深く感謝をしております。

三村 聡志 (@mimura1133)

翻訳者まえがき

　本書は、サイバー攻撃者の考え方を、日本人には馴染みの深い忍者の巻物に記された秘伝に照らし合わせて解説しています。海外有数の諜報機関の教科書ではなく、忍者の秘伝書をベースにしているので、文化的にも日本人には理解しやすい内容になっています。

　ハンズオン形式ではないので PC にかじりついて読む必要もなく、気軽に読める構成になっていますが、内容はヘビーなものになっています。特筆すべきは各章末に用意された思考実験演習で、一人で考えてもいいし、グループで議論してもいい良問になっています。

　本書が読者のサイバー防衛を考えるヒントやきっかけになることができれば幸いです。

　最後になりましたが、編集担当の山口様とレビューいただいた方、制作を担当いただいた Dada House 海江田様に大変お世話になりました。加えて、私のスタッフである吉次麗と野口順一郎の協力なしに本書の翻訳は完成しませんでした。この場を借りてお礼を申し上げます。

Smoky

目次

第 0 章
イントロダクション

第 0 章

第 1 章

第 2 章

第 3 章

第 4 章

第 5 章

第 6 章

第 7 章

第 8 章

　はじめに言っておきますが、私は忍者ではありません。忍者の歴史家でも、先生でもありませんし、日本人ですらありません。

　しかし私が米軍でサイバー戦争に関わっていた頃、仲間の兵士はしばしば私たちのミッションを「high-speed ninja shit（素早い忍者の戯言）」と表現していました。サイバーセキュリティにおいて「忍者」への言及が妙に流行していることに気付き始めたのはそのときです。私はこの用語の使用に明確な背景があるのかどうかを確かめたくなって、2012 年に忍者の研究を始め、そこで 400 年以上前に書かれた日本の巻物が、最近になって英訳されたことを知りました（以降の「本書について」のセクションで詳しく説明します）。それらの巻物は、忍者が自分たちの技術を学ぶために使用していたトレーニングマニュアルであり、歴史的なレポートではなく実際のプレイブックでした。そのうちのひとつである**万川集海**（ばんせんしゅうかい、まんせんしゅうかい）は、300 年近くの間、内容を広めるのが危険と考えられていたため、第二次世界大戦後にやっと日本政府から機密指定を解かれて限定公開されました。中世においては、忍者でない人がこれらの文書を見ることは想定されていませんでした。またこれらの巻物には「命をかけて情報を守るように」と強く記されています。かつての日本では、そのような巻物を所持しているということだけでも処刑に値するものでした。資料のタブー性は読書体験に否定しが

15

たい神秘性を加えており、私はその虜になりました。

　翻訳された 1,000 ページ以上の資料を読んで判明したことは、忍者の心得と秘術とは本質的に、情報保全、セキュリティ、侵入、諜報活動、および厳重に守られた組織に忍び込んでの破壊活動に関する実践的なトレーニングであるということです。これらの多くは、私がサイバーセキュリティに携わるなかで毎日のように扱っていた概念と同じものです。資料は 400 年も前のマニュアルですが、現代の情報保全の演習において見つけることのできなかった、防御的および攻撃的セキュリティに関する知見が詰まっていました。さらにユニークなのは、この資料が秘密戦争における TTP（Tactics, Techniques, and Procedures：戦術、手法、手順）を明示したフィールドガイドであるという点です。私たちのビジネスにおいては、国家レベルのサイバースパイ集団などの悪意のある攻撃者は、TTP を説明するウェブセミナーを開催したり、プレイブックを公開したりはしません。したがってこうした忍者の巻物は特異なものであり、非常に貴重なのです。

　本書『**サイバー術**（Cyberjutsu）』は、大昔の忍者の戦術、手法、戦略、そして精神を実用的なサイバーセキュリティ分野のガイドにすることを目的としています。サイバーセキュリティは比較的歴史の浅い分野であり、依然として非常に受け身です。専門家たちは差し迫った脅威の除去や、起こってしまったことに基づく将来の攻撃の予測に日々を費やしています。私がこの本を書いたのは、巻物に記された最初期の APT（Advanced Persistent Threat）攻撃から、長期的な視点を獲得し、多くのことを学べると信じているからです。大昔の忍者が実践していた情報戦の TTP は、何百年もかかって完成されました。当時有効であった TTP は時を超えて、今日のサイバーセキュリティの一般的なモデル、ベストプラクティス、および概念を飛躍させ、より成熟した信頼性の高い考え方を実施していくための鍵となるかもしれません。

0.1　本書について

　各章では、歴史と哲学の幅広い基礎知識から分析、実用的なサイバーセキュリティの推奨事項に至るまで、忍者に関連するひとつひとつのトピックを詳細に検討します。使いやすさを考慮し、各章は次のように構成されています。

忍者の巻物

忍者が使用していたツール、手法、または方法論の簡単な紹介。

サイバーセキュリティ

忍者の概念をもとに、現在のサイバーセキュリティの状況について私たちが学べることの分析。

あなたにできること

組織をサイバー攻撃の脅威から守るために行える、前述の分析から導かれた実用的な手順。

城塞理論の思考訓練

忍者とサイバーセキュリティの概念について学んだことを使って、脅威のシナリオを解決するための演習。

推奨されるセキュリティ管理策と緩和策

NIST 800-53 標準 [1] に基づいた、コンプライアンスの目的で、またはベストプラクティスに準拠するために実装できる、推奨されるセキュリティ設定と仕様のチェックリスト。

　本書は、忍者の用語の包括的なカタログや忍者の哲学に関する拡張された話題を提供しようとはしていません。それについては、現代人向けに日本の古い忍者の巻物を編集・翻訳した Antony Cummins と Yoshie Minami の著作を参照してください。本書では、Cummins と Minami の以下のタイトルを参照しています（それぞれの詳細については、19 ページの「忍者入門」のセクションを参照してください）。

- 『**The Book of Ninja**』（ISBN 9781780284934）——万川集海の翻訳書。
- 『**The Secret Traditions of the Shinobi**』（ISBN 9781583944356）——忍秘伝、軍法侍用集、義盛百首の翻訳書。
- 『**True Path of the Ninja**』（ISBN 9784805314395）——正忍記の翻訳書。

　Cummins と Minami の書籍は広範な知識を含んでおり、しっかりと読むことを強くお勧めします。これらの書籍は、インスピレーションとしてだけでなく、軍事戦術から忍者のように考える方法まで、本書の忍術の分析の主要な情報源としても役立ちます。彼らの翻訳書には、この本で触れることができる以上の魅力的な知恵と知識が含まれており、失われた生き方を覗くためのよいきっかけとなるでしょう。本書は、Cummins と Minami、そしてこれらの中世の作品を現代の世界にもたらした彼らのたゆまぬ努力

に大いに助けられています。

城塞理論の思考訓練に関する注意

　サイバーセキュリティ業界の問題について話すとなると、少なくとも3つの課題がつきまとうと私は考えます。1つ目は、情報セキュリティの部署に所属していても技術的でない意思決定者やその他の利害関係者は、技術的な専門知識が不足しているため、サイバーセキュリティの会話から除外されたり、嘘をつかれたり、いじめられたりすることがよくあるということです。2つ目は、多くのセキュリティ上の問題は、実際には人間の問題ということです。既に多くの脅威に対する技術的解決策を実装する方法がわかっていますが、人間は政治、無知、予算の懸念などの制約によって邪魔をするのです。最後の3つ目は、インターネット検索で購入または簡単に発見できるセキュリティの解決法や回答が利用できるようになったことで、セキュリティ問題に対する人々のアプローチは変化しています。

　これらの課題に対処するために、各章の城塞理論の思考訓練において、トピックの核心に近い中心的な質問を提示しています。演習は、敵の忍者（サイバー脅威アクター）によってもたらされる危険から城（ネットワーク）を守ることを試みるメンタルパズル（検索しないことを願います）です。城を守るという観点からセキュリティ問題を組み立てることで、話題の技術的側面が取り除かれ、問題の核心に関するより明確なコミュニケーションとチーム間のコラボレーションが可能になります。忍者が城へ物理的に侵入するシナリオは、企業のネットワークやハッカーについて雄弁であるかどうかに関係なく、誰でも理解できます。城の支配者になりきることは、提案されたソリューションの実装に伴う組織の官僚主義や政治的問題を無視できることも意味します。つまるところ、王や女王は自分がやりたいことをやれるのです。

将来の利用のために

　この本には多くのサイバーセキュリティのアイデアがあります。一部は元の巻物から採用し、モダンなアプリケーションに適応できるものです。また他にも私が商用製品またはサービスで特定したギャップに対して提案した解決策や、そのどちらでもない、より斬新で意欲的なアイデアもあります。実装が技術レベルでどのように機能するかはわかりませんが、もしかするとより良い視点と洞察力を持った誰かがそれらを開発し、特許を取得するかもしれません。

　もし、この本から生まれたアイディアを特許化する場合は、共同発明者として私の名

前を追加していただけないでしょうか。金銭的な目的ではなく、単にアイデアの起源を
文書化するためです。この本について質問がある場合、または実用化のアイデアについて
話し合いたい場合は、ben.mccarty0@gmail.com までメールでお問い合わせください。

0.2　忍者入門

　この簡単な入門編は、「忍者」というものに対するあなたの観念を、歴史的な証拠をもっ
て描かれている現実へと移行させる手助けをするものです。映画やフィクションから得
た忍者の知識は脇に置いておいてください。長年の考えや信念と矛盾する証拠に直面し
たときに、混乱や不信、認知的不快感を経験するのは——特に忍者になりたいと思いな
がら育った私たちにとって——自然なことです。

歴史における忍者

　忍者は多くの名前で呼ばれてきました。21 世紀の西洋にいる私たちが知る名前は「**忍
者**」ですが、**忍、夜盗、忍兵、素破（水破／透破／出抜）、間者、乱破、伺見**などとも呼
ばれていました [2] [3]。多くの場合、とらえどころがなく神秘的な存在であると評判ですが、
実際にはその職業を理解するのは難しいことではありません。忍は古代日本での雇われ
のエリートスパイでありまた戦士でもありました。農民 [4] と武士の両方のどちらの階級
からも採用されており（有名な例としては、名取正武 [5] と服部半蔵 [6]）、日本の歴史と同
じくらい長い間存在していた可能性もありますが、12 世紀の源平合戦 [7] までは歴史的
記録にはあまり登場しません。その後何世紀にもわたって日本は争いと流血に悩まされ、
その間に封建領主（大名 [8]）は忍を使って諜報、妨害、暗殺、そして戦争を行っていまし
た。[9]　紀元前 5 世紀の中国の軍事戦略家である孫武の画期的な兵法書『**孫子**』においても、
勝利を達成するためにそうした秘密のエージェントを利用する必要性が強調されていま
す。[10]

　忍者は諜報活動、敵の陣地への侵入、破壊工作に非常に精通していました。忍は歴史
上最初の持続的標的型攻撃者であったといえるかもしれません（APT0 と言ってもよいで
しょう）。絶え間ない争いの時代に、彼らは手法や戦術、道具、ノウハウ、手順、そして
実践理論である**忍術**を状況に合わせて磨き、成熟させました。巻物『**万川集海**』では、「忍
術の奥義は、敵が注意を払っている場所を避け、敵が警戒を怠っている場所を攻撃する

ことである」と述べられています。[11]　したがって秘密のエージェントとして活動するにあたり、彼らは変装したり、隠れたりして目的の場所（城や村など）に接近していました。そして情報を集め、標的の防御のギャップを評価したうえで、諜報活動や妨害工作、放火、暗殺を行うために潜入していたのです。[12]

　17世紀の長く平和な江戸時代には、忍者のノウハウの需要は減少し、忍者はあいまいな存在になりました。[13]　彼らの生き方は受け入れられなくなり、他の仕事を引き受けるようになっていきましたが、彼らのメソッドには非常に影響力があり、見た事がない伝説的な能力も相まって、忍は今日においても歴史上最も偉大な戦士あるいは情報戦の専門家の一角として神話化されています。

忍者の巻物

　忍の知識は師匠から弟子へと、仲間内で伝えられてきたと考えられ、訓練中の忍たちによって17世紀までに数多くのハンドブックが記されています。それこそが忍者の巻物です。忍の子孫である家族は、さらなる秘術が書かれた巻物を所有している可能性がありますが、その内容は歴史家によって検証されていないか、または一般に公開されていません。私たちが手にすることのできる歴史的な文書は、忍を理解するための鍵であり、またこれらの情報源を確認して証拠に基づいた知識を導き出すことは、忍者にまつわる話題を急速にうさんくさくさせてしまう神話や未確認の民間伝承、映画やアニメ・ドラマなどで作りあげられたイメージを回避するのに役立ちます。

　最も重要な忍者の巻物には以下のものがあります。

万川集海（ばんせんしゅうかい、まんせんしゅうかい）
複数の忍から収集された忍者のスキル、戦術、哲学の百科事典ともいえる、23巻のコレクションです。1676年に藤林保武（ふじばやしやすたけ）によって編纂されたこの巻物は、平和が広がった時代に忍術の技術と知識を保存することを試みていました。また本質的には、平和でなくなった将来において忍の助けを必要とするかもしれない将軍階級のために、忍が記した求職とスキルのデモンストレーションでもあります。

忍秘伝（にんぴでん、しのびひでん）
1655年頃に記されたと思われる巻物のコレクションで、服部半蔵家に受け継がれ、最終的には出版され世に広まりました。おそらく最も実用的な忍者のマニュアルであり、武器を作るための図や仕様など、現場で使用されていた忍の手法とツールを明らかにしています。

軍法侍用集（ぐんぽうじようしゅう、ぐんぽうしようしゅう）

軍事戦略、統治、道具、哲学、そして戦時中の忍の利用について幅広く触れている巻物です。1612 年に小笠原昨雲によって書かれたとされており、任務の遂行に必要なスキルと知恵を忍に教えるために作られた 100 の忍者詩のコレクションである『義盛百首（よしもりひゃくしゅ）』も含まれています。

正忍記（しょうにんき）

侍であり戦法の革新者でもある名取三十郎正武が 1681 年に開発した訓練マニュアルです。文芸的な要素が強く、肉体的・精神的な修行を積んだ者が、知識を新たにして忍術の指針や技術をより深く理解しようとするために書かれたものとみられています。

忍者の哲学

　神秘主義やスピリチュアリズム的な側面を掘り下げるのではなく、忍者の価値観や考え方に対する知的共感を育むことが大切です。忍者の哲学は、ハッカー的なメタ認知を境に、神道と仏教の陰陽師的な影響を受けていると私は考えています。忍者の戦術や手法を理解するうえで、根底にある哲学に精通している必要はありませんが、忍者となるためにもたらされた知恵から学ぶことは必ず役立ちます。

刃の心／刃の下の心臓

　日本語の「忍（しのび）」は、「刃」と「心」という漢字で構成されています。その意味については複数の解釈があります。

　まずひとつは、「忍は刃の心を持つべきである」、「心を刃にするべきである」というものです。刃は鋭く丈夫でありつつも柔軟性があり、人を殺めるために設計された道具でありながら、使い手の精神と意志の延長としても機能します。これは心、精神、思考をひとつの中心的な本質に組み合わせた日本の「こころ」の概念と一致します。この文脈における「忍」の字は、忍者の役割を引き受けるために必要となるバランスの取れた心得と見ることができます。

　別の解釈は「刃の下の心臓」です。この読み方では、刃とは実在する脅威です。忍の命を危険にさらす肉体的な脅威であると同時に、彼らの鼓動する心臓をしっかりと守る武器でもあります。忍の字の音読み（中国語読み）が意味するのは「持続すること」であり、敵のテリトリーで絶え間ない脅威にさらされながら、スパイとして働くために必要な内面の強さを強調しています。忍は命の危険を伴う任務を遂行しなければならず、行動の前に敵のテリトリーに長期間留まらなければならないこともありました。つまり、APT

であったといえます。

正心
<ruby>正心<rt>せいしん</rt></ruby>

　万川集海には、忍は「正心」を有していなければ、特定の失敗に直面することになると記されています。この絶妙な状態を達成するには、常に忘れず、集中し、目的を意識する必要があります。すなわち、自己防衛としてのマインドフルネスです。忍は、その仕事の結果の多くが陰謀や欺瞞であったとしても、「仁、義、忠、信」[14]を念頭に置いて決断を下すことが期待されていました。この哲学には、戦闘や潜入などの激しいプレッシャーの最中に忍を落ち着かせ、集中させるという利点がありました。**正忍記**では、「心を落ち着かせている時には、他人が気付かないようなことを見抜けるものだ」と述べられています。[15]

　また「正心」は、忍をよりダイナミックな戦略家にするものでもあると信じられていました。多くの戦士が一心不乱に戦いへと突入する一方で、忍は精神的な鋭敏さに焦点を合わせており、忍耐強く柔軟でした。彼らは型にはまらない考えをするように訓練され、あらゆることに疑問を投げかけました。歴史家の Antony Cummins は、この種の考え方を現代のディスラプター（破壊的）企業と比較しています。武器が通じなければ、彼らは言葉を使いました。スピーチが失敗したならば、彼らは自分の考えを脇に置き、敵の思考プロセスを誘導しました。[16]澄んだ精神は、敵、環境、そして一見不可能と思われる物理的なタスクに打ち勝つための入り口だったのです。

　正忍記ではこのことを次のように簡潔に表現しています。「人の心ほど素晴らしいものはない」。[17]

忍者の手法

　忍者の巻物に詳述されている侵入手法は、忍の情報収集プロセスの驚くべき有効性を示しています。彼らは 2 つの主要な侵入モードを実践していました。**陰忍**<ruby><rt>いんにん</rt></ruby>は暗闇に紛れてどこかに忍び込んだり、発見を避けるために隠れることを指し、**陽忍**<ruby><rt>ようにん</rt></ruby>は疑われないように僧侶に変装するなどして、堂々と潜入することを指します。どちらか一方を使い分けることもありました。たとえば変装して町に潜入し、それから城の堀に滑り込んで攻撃時まで隠れておく、といったことも考えられます。

　陰忍と陽忍のどちらを使用する場合でも、忍は標的について可能な限りすべてを知ることを目指し、また入手しうる最も詳細な情報を収集するための確立されたメソッドを有していました。彼らは目的地の物理的な地形だけでなく、地元の人々の慣習、態度、

興味、気質についても調査しました。城への侵入を試みる前に、彼らはまず偵察を行い、各部屋のサイズ、場所、機能、アクセスポイント、住人とその習慣、さらにはペットの給餌スケジュールさえ特定していました。彼らは敵の警備員の名前、肩書き、職務を記憶し、敵の旗や紋章、装備を使って、無防備な標的と会話しながら堂々と忍び込みました（陽忍）。また彼らはさまざまな領主から証印を集めて、偽造に利用できるようにしていました。多くの場合、それらは敵の軍隊に偽の命令を出すために使用されました。戦闘に参加する前に、彼らは敵軍の規模や強さ、能力、戦闘の傾向、供給ライン、士気を調査しました。標的が力のある領主であった場合には、その支配者の倫理観や心の根底にある欲望を知ることで標的を買収したり注意を引いたりしていました。[18]

　忍は「正心」の哲学を通して創造的に考えるように教えられました。その訓練が、彼らに周囲の世界をきわめて敏感に意識させ、現場で行動を起こすための新しい方法を呼び起こしていました。たとえば正忍記では、自然界の動物の行動を観察することで、忍の働きをより効果的にする方法を教えています。忍が通行止めや敵の検問所にやってきた場合、彼らはキツネやオオカミのような考え方を用いました。すなわち、障害を乗り越えたり通過するのではなく、たとえ迂回路が何マイルもかかる場合でも、忍耐を示して障害を回避していました。また「牛馬のように」[19] 導かれるままに外に出て、密偵や伝達人を装って、身分の低い人を見落としがちな敵に近づくこともありました。忍は何を感じても——たとえ怒りで白熱したとしても——「穏やかな湖の水鳥のごとく」[20]、外面は穏やかに見えるように努めました。警備員の注意をそらす必要がある場合は、吠えたり、遠吠えしたり、犬の身震いの音を模倣するために着物を振ったりして、犬になりすますこともできたといいます。[21]

　忍のメソッドは戦場に革新をもたらし、今日に至るまで軍隊や秘密工作員によって実践されています。忍のたゆまぬ偵察と標的にまつわる無欠の知識によって、情報と欺瞞は武器となり、彼らのメソッドは成功を収めていたのです。

第0章

第1章

第2章

第3章

第4章

第5章

第6章

第7章

第8章

第0章
第1章
第2章
第3章
第4章
第5章
第6章
第7章
第8章

第 1 章
ネットワークのマッピング

将軍は、これらの地図を用いて城の守り方や攻め方を検討することができる。
── 万川集海　将知一　忍法の利得十カ条より

陣がへは　まづ時と日との　ならひあり　しのびの役は　所てきあひ
── 義盛百首　第九首
（陣替えには、移動する時間や日にちなど、守るべき原則がある。
忍の務めは、その地域の地理と、敵までの距離を正確に把握することである。）

城中や　陣所をしると　早くただ　立ち帰るこそ　巧者なりけり
── 義盛百首　第二十四首
（城や陣地の詳細や配置を把握したら、
あとは一刻も早く戻ることが、優れた忍のあるべき姿である。）

　万川集海の「将知」で最初に提供されるアドバイスは、将軍が敵への攻撃を企てるために使用できる正確な地図を、細心の注意を払って作成することです。[1]　義盛百首の一部の詩 [2] でも、軍団と個々の忍のいずれにとっても役立つ詳細な地図を描き、維持することの重要性が強調されています。

　指揮官は通常、忍者に地図の作成を任せました。巻物では、目に見えるもの——山や川、野原など——を正確に描けるスキルと、軍事戦略や忍の侵入を支えるために目的や状況に応じた脅威情報マップを描けるスキルは別物であると明言されています。巻物によれば、戦や忍のスパイ活動の戦術に関連していて、地図に含める必要のある詳細とは以下のようなものです。[3]

家、城、または砦のすべての入り口と門

どのような種類の施錠、掛け金、および開けるための仕掛けが存在するか？　門や扉を開けるのはどれくらい難しいか？　開閉の際には音がするか？

接近するための道

まっすぐであるのか、それとも曲がっているのか？　広いのか狭いのか？　泥や石は？　平坦なのか、それとも傾斜があるのか？

建物のデザイン、構成、および配置

各部屋のサイズと目的は何か？　各部屋には何が保管されているか？　床板はきしむか？

建物の住人

住人の名前は？　注目すべきスキルや技術を有しているか？　怪しい、もしくは要注意人物は誰か？

城とその周辺地域のトポロジー

合図は現場の内外から見えるか？　食料、水、薪はどこに保管されているか？　堀の幅と深さはどれくらいか？　壁の高さはどの程度か？

1.1　ネットワークマップを理解する

　サイバーセキュリティにおける**ネットワークマップ**とは、ネットワーク内の**リンク**（通信接続）と**ノード**（機器）の間の物理的または論理的な（あるいは両方の）関係と構成を説明する、ネットワークトポロジーの図表です。これらの概念をよりよく理解するには、道路地図あるいは地図帳の地図をイメージしてください。これらは物理的な場所、地理的特徴、政治的境界、および自然の景観を説明しています。道路（リンク）に関する情報——名前、方向、長さ、他の道路との交差点——を利用して、さまざまな場所（ノード）の間を移動することができます。次に、以下のような架空のシナリオについて考えてみ

ましょう。

　道路や建物が瞬く間に出現したり消えたりする世界に住んでいると想像してみてください。GPS が存在し、現在地と行きたい場所の座標を得ることはできますが、絶えず変化する道路の途方もないネットワークをたどってそこにたどり着く必要があります。幸いなことに、すべての交差点には、あなたのような旅行者が道を見つけるのを助ける道先案内人（**ルーター**）が配置されています。これらのルーターは常に隣接するルーターをに問い合わせ、通れるルートと場所を学習して、手元のメモに保持されているルーティングテーブルを更新できるようになっています。あなたはすべての交差点で停止し、目的地が GPS 座標でコード化されているカードを提示して、ルーターに次のコーナーへの道順を尋ねる必要があります。ルーターは、計算を行いながらクリップボードで現在通れるルートを確認し、速やかに方向を示すと、トラベルカードにルーターのアドレスをスタンプし、移動中にチェックインしたルーターの数を数えるためカードに穴を開けてから、あなたを次のルーターへと送ります。目的地に到着するまで、このプロセスが繰り返されます。ここで、この世界の地図製作者を想像してみてください。彼らは絶えず変化するネットワークに追いつけず、正確な地図の作成を諦めることになるでしょう。主要な目印や興味深いポイントに一般的な名前でラベルを付け、それらのポイント間に何らかのパスが存在することを示すために、ポイント間にあいまいな線を引く程度で満足せざるを得ません。

　この架空の状況は、実際にはサイバー空間に存在するものであり、ネットワークマップの正確さや、メンテナンスの優先度が十分でないのはそのためです。高品質で包括的なネットワークマップの欠如は、多くのサイバーセキュリティ組織が認知している課題です。組織がなんらかのマップを有している場合、そのマップはセンサーやセキュリティ装置がデータの流れのどこにあるかを示したり、パケットキャプチャやファイアウォールのルール、アラート、およびシステムログを理解しやすくするために、セキュリティオペレーションセンター（SOC）に提供されているのが一般的です。しかし多くの場合そうしたマップは抽象的でもあり、インターネット、境界ネットワーク、イントラネット（エッジルーターやファイアウォールの大まかな配置）の境界、そして雲のような泡で示される不明瞭なネットワーク境界や概念図といった、基本的な要点のみを説明しています。図 1-1 に、サイバーセキュリティおよび IT のプロフェッショナルが利用できる、未発達ながら一般的なネットワークマップの例を示します。

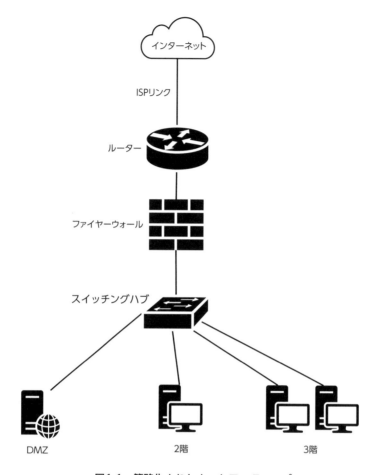

図1-1　簡略化されたネットワークマップ

　図 1-1 が「悪い」マップである理由を説明するために、マッピングに関する万川集海の
アドバイスを、同等のサイバー的な詳細の観点から再検討してみましょう。

ネットワーク内のノードのすべてのアクセスポイント

　機器に存在するインターフェースアクセスポイントのタイプ（イーサネット [e]、ファ
ストイーサネット [fe]、ギガビットイーサネット [ge]、ユニバーサルシリアルバス [USB]、
コンソール [con]、ループバック [lo]、Wi-Fi[w] など）は？　ネットワークアクセス制
御（NAC）またはメディアアクセス制御（MAC）によるアドレスフィルタリングはある？
リモートまたはローカルコンソールアクセスが有効になっているか、または分離され
ているか？　どういった種類の物理的セキュリティが存在するか？　ラックのドアや

USB のロックはあるか？　インターフェースアクセスのロギングが実行されているか？　ネットワークを管理するインターフェースおよびネットワークはどこにあるか？　各アクセスポイントの IP アドレスと MAC アドレスは？

境界としてのゲートウェイ、ホップ、および出力ポイント

複数のインターネットサービスプロバイダー（ISP）がある？　信頼できるインターネット接続（TIC）か、それともマネージドインターネットサービス（MIS）か？　インターネット接続の帯域幅は？　メディアは光ファイバー、イーサネット、同軸ケーブル、またはその他のメディアで構成されている？　ネットワークにアプローチする経路は？　ネットワークの内外に衛星、マイクロ波、レーザー、または Wi-Fi の出力方法はある？

ネットワークの設計、構成、レイアウト

各サブネットの名前、目的、およびサイズ（たとえば、CIDR 表記など）は？　仮想ローカルエリアネットワーク（VLAN）はある？　接続プールの制限はある？　ネットワークはフラットであるのか、階層的なのか、あるいは建物の構造や防御層、機能に基づいて分割されているのか？

ネットワークのホストとノード

それらの名称は？　OS（オペレーティングシステム）のバージョンは？　どのサービスおよびポートを実行していて、どれを開いている？　攻撃を検知する可能性のあるセキュリティ管理策にはどのようなものがある？　既知の共通脆弱性やエクスプロイトはある？

ネットワークと建物の物理的および論理的アーキテクチャ

データセンターはどこにある？　ロビーでイーサネット接続端子を利用できる？　Wi-Fi の電波は建物の外に漏れている？　コンピューターの画面や端末は建物の外から見える？　オフィスではセキュリティガラスを使用している？　ゲストルームや会議室のネットワークは適切にセグメント化されている？　ネットワークのコアアクセス制御リスト（ACL）とファイアウォールのルールは？　DNS はどこで解決される？　境界ネットワークや DMZ で利用できるものは？　外部のメールプロバイダーやその他のクラウドサービスが使用されている？　ネットワーク内のリモートアクセスまたは仮想プライベートネットワーク（VPN）アーキテクチャはどのようになっている？

　ネットワークマップが機能していない組織では、代わりに IT 部門が作成した配線図や回路図を参照する場合があります。これらの簡略化された図は、システム、ネットワー

ク機器、および機器接続の相対的な配置を文書化したもので、ネットワーク内の技術的または運用上の問題についてトラブルシューティングを行うためのリファレンスとして機能します。しかし実際には、あまりに多くの組織がそうした大まかな図さえも作ろうとせずすべての機器のホスト名、モデル番号とシリアル番号、番地と IP アドレス、およびデータセンターのスタック／ラックの列をカタログ化した台帳を使用しています。関係者がこの台帳を使って資産の位置を確認でき、停電や大きなネットワーク障害が発生しない限り、ネットワークマップの作成には乗り出さないことだろう。恐ろしいことに、脳内にマップを持っている建築家や専門家に依存しており、公式に――あるいは非公式にさえ――マップが作成されない企業も存在します。

　公平に言うならば、有用なネットワークマップを持たない正当な理由を挙げることはできます。マップの作成、共有、および保守には、貴重な時間やその他のリソースが消費される可能性もあります。また、マップには頻繁に変更が加わることがあります。ネットワークへのシステムの追加または削除、IP アドレスの変更、ケーブルの再構成、あるいは新しいルーターやファイアウォールルールの変更追加があった場合、たとえマップが作成されたばかりであっても、その精度は大幅に変化するでしょう。さらに、最新のコンピューターとネットワーク機器は、動的ルーティングとホスト構成プロトコルを実行し、マップを用いることなく情報を他のシステムやネットワークに自動的に送信します。つまり実質、ネットワークは自分自身を自動構成できるのです。

　もちろん、ソフトウェアベースのマッピングツールも豊富に存在します。たとえば Nmap[4] はネットワークをスキャンしてホストを検出し、スキャナーからのホップ数を介してネットワークを視覚化し、SNMP（Simple Network Management Protocol）を用いてネットワークトポロジーを検出およびマッピングしたり、ルーターとスイッチの構成ファイルを用いて迅速にネットワーク図を生成できます。ツールによって生成されるネットワーク図は便利ですが、防衛者または攻撃者が望むような高品質のマッピング標準を満たすだけの必要な詳細やコンテキストをすべて把握できるわけではありません。マッピングツール、ネットワークスキャン、および人間の知識を組み合わせて、ソフトウェアに支援されたネットワークマップを描くことが理想的なソリューションといえますが――このアプローチであっても、正確で有用な状態を維持するには、専門的なスキルを持つ人が多大な時間を費やす必要があります。

　こうした制約がある中で、防衛者がマッピングを警戒することはとても重要です。図1-2 のマップ例は、ネットワークを保護するために防衛者のマップにどの程度の詳細さを持つべきかを示しています。

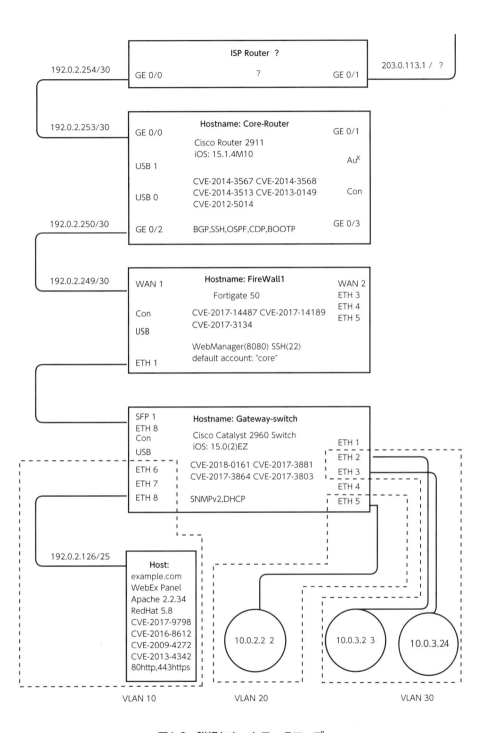

図1-2 詳細なネットワークマップ

　ネットワーク内の機器を表すために、ピクトグラムではなく特徴的な図形が使用されています。同様の機器タイプに対しては同じタイプの図形が繰り返されています。たとえば、図1-2の円はワークステーションを、四角形はルーターを、長方形はサーバーを表します。メールリレーまたはドメインコントローラーが存在する場合には、それらを三角形で表します。さらに、図形にはテクスチャや背景がないため、内部に書き込まれた情報がはっきりと判読できます。

　すべてのインターフェース（仮想および物理の両方）に、そのタイプと番号のラベルが付けられています。たとえば、インターフェースのタイプがイーサネットならば「eth」のラベルが付けられ、インターフェースには機器に物理的にラベル付けされるのと同じ「eth 0/0」の番号が付けられます。未使用のインターフェースにもラベルが付けられます。各インターフェースには、（わかっている場合は）割り当てられたIPアドレスとサブネットが与えられます。

　ホスト名、メーカーとモデル、OSバージョンなどの機器情報は、わかっている場合は機器の上部に記載されています。脆弱性、デフォルトの資格情報、既知の資格情報、およびその他の重要な欠陥は、機器の中央に書き込まれています。実行中のサービス、ソフトウェア、および開いているポートも記載されています。VLAN、ネットワーク境界、レイアウト、および構造はネットワークマップに記入し、その他の注目すべき情報とともにしっかりとラベル付けしておく必要があります。

1.2　秘密裏に情報を収集する

　忍にとって、悟られることなく情報を集めることは高等技術でした。差し金などで詳細な測量を行いながら城の近くを徘徊しようものなら、住人たちに密告され、敵の刺客であることが露呈してしまいます。したがって勤勉な忍は、城塞の居住者が警戒を緩めていた平和な時代に地図を作成しました。そうした時代ならば、忍はより自由に移動でき、疑われにくい状態でデータを収集することができたでしょう。[5]

　しかし多くの場合には、忍はこっそりと測量を行ったり、地形の特徴を記録したり、その他の情報を収集する方法を考え出す必要がありました。実際に万川集海では、公開された変装技術に関するセクションに正確な地図の作り方の説明が含まれており、これは忍が欺瞞を用いて、敵に視認されながら地図作りを行っていたことを示しています。

巻物では「**裏三つの術**」[6] と呼ばれる、物体の大きさの知識を使って身近な物体までの距離を割り出す距離推定技術に言及しています。裏三つの術には、巧妙な三角法のトリックも組み込まれています。たとえば、忍が標的に足を向けて横になり、既に分かっている自身の足のサイズを利用して測量を行っていても、その様子は木の下で昼寝をしているようにしか見えません。

　ネットワーク関連の情報収集は、攻撃者が標的のネットワークまたはホストを攻撃する前に最初に行うことのひとつです。攻撃者が作成するマップには、歴史的な忍者の地図と同じく、標的に侵入するために必要な情報を特定して文書化するという目的があります。この情報には、ISP 接続、ワイヤレスアクセスポイント（UHF、マイクロ波、ラジオまたは衛星ポイント）、クラウド、相互接続、および外部ネットワークといった、ネットワークへのすべての入出力ポイントが含まれます。

　また攻撃者は、ボーダーゲートウェイプロトコル（BGP）の出入り口や、ネットワークへのルートおよびホップもを探すこともあるでしょう。彼らはネットワークの表示構造やレイアウト、設計（ホスト名を含むネットワークインベントリ、アプライアンスのモデル、OS、開いているポート、実行中のサービス、脆弱性などのネットワークインベントリ）、ネットワークトポロジー（サブネットや VLAN、ACL、ファイアウォールルールなど）も探そうとするかもしれません。

　攻撃者が使用するネットワークマッピングツールの多くは、多数のホストと通信し、カスタムパケットを使用し、また内部のセキュリティ機器によって検知されないように、ノイズが多いものとなります。しかし攻撃者はマッピングの速度を低下または抑制したり、お手製ではない（不審ではない）パケットを使用したり、さらには標的のホストにすでに存在する一般的なツール（ping や net など）を用いて手動で偵察を行うことで、これらの弱点を軽減できます。また、無害な偵察方法を用いて攻撃することもできます。この方法では、攻撃者はターゲットに触れたりスキャンしたりすることはなく、Shodan を使ったり、インターネット検索エンジンによってインデックス化されたデータを収集する、無害な偵察方法を用いることもできます。

　より高度な攻撃者は、**パッシブマッピング**を実行するスパイ技術を開発しています。これは、攻撃者が標的と直接対話することなく（たとえば、Nmap でアクティブにスキャンすることなく）標的に関する情報を収集する戦術です。もうひとつのパッシブマッピング戦術は、**プロミスキャスモード**（すべてのネットワーク通信を記録および検査するネットワークインターフェース構成。ネットワークアドレス自体への通信のみが記録および検査される**非無差別モード**の逆）でネットワークインターフェースからキャプチャ

されたパケットを解読することです。プロミスキャスモードを使用すると、ネットワークにアクティブに干渉することなく、使用されている隣接ホスト、トラフィックの流れ、サービス、およびプロトコルを理解できます。

　ネットワークに直接干渉せずにマッピングを行うその他の方法としては、ネットワークから送信されるネットワーク管理者の電子メールを収集すること、外部ファイルストレージ共有環境で標的のネットワークマップを検索すること、管理者が技術的な詳細（ログ／エラー、ルーター構成、ネットワークの debugging ／ tracert ／ ping、その他ネットワークのレイアウトや構成を示すような情報）を投稿する可能性があるサードパーティのトラブルシューティングヘルプフォーラムを調べることなどがあります。忍者の**裏三つの術**の手法と同じように、標的のネットワークから観察できる情報を利用して、標的に警戒されることなくマッピングを行うことができます。パッシブマッピングには、ネットワークから記録された traceroute の遅延を測定して衛星を経由したタイミングを特定すること（たとえば、通信遅延が突然 500 ミリ秒増加することは衛星の存在を示します）や、ファイアウォールシステムの高度なパケット処理を検知すること（たとえば、プリプロセッサは潜在的に悪意のある攻撃を認識し、特別に作成された通信に知覚可能な遅延を及ぼします）も含まれます。さらにパッシブマッピングには、外部 DNS ゾーンからの内部ネットワークの情報開示とレコード応答、特定のソフトウェア／ハードウェアの公開調達命令および購入要求、さらには特定のテクノロジーやネットワーク機器、ハードウェア／ソフトウェアの経験を有するネットワーク／ IT 管理者に向けた求人情報さえも含まれる場合があります。

　多くの時間を費やしてこうしたマップの作成を行うことで、攻撃者は標的自身が有するものよりも完全なマップを得られるかもしれません。つまり、攻撃者は標的のネットワークについて、標的以上に詳しく知っている可能性があるということです。このようなアドバンテージを相殺するために、ネットワーク防衛者は優れたマップを作成および維持し、それらを高度に保護するよう努める必要があります。

1.3　マップを作成する

マップ作成は、大まかに次の3つのステップで実行できます。

1. 簡単に更新できて安全に保存できる、包括的で正確なマップを作成するために必要な投資を行います。各チームのユースケース（IT、NOC：ネットワークオペレーションセンター、SOC など）に必要な情報が含まれなければなりません。マップを作成して分析するために、専任の人物やチーム、または外部ベンダーを雇うことを検討します。
2. この章の前半で指定したような、正確で詳細なマップを作成します。
3. 変更管理要求の一環として、また誰かがマップの不一致や相違に気付いたときには、常にマップをピアレビュー（査読）するように要求します。

2番目のステップであるマップの作成について、詳しく見ていきましょう。

主要な関係者をすべて特定し、このプロジェクトを優先すべきであると説得してから最初に行うステップは、組織内でマッピングに役立つ可能性があるすべてのものを収集することです。これには配線図、古くなったネットワーク構築計画、脆弱性スキャン、資産管理台帳、データセンターのインベントリ監査、DHCP リース、DNS レコード、SNMP ネットワーク管理データ、エンドポイントエージェントの記録、パケットキャプチャ（PCAP）、SIEM ログ、ルーターの設定、ファイアウォールルール、およびネットワークスキャンが含まれます。ルーターの設定は、ネットワークマップの主要なアーキテクチャとレイアウトを構築するための最初の要素である必要があります。コア／セントラルルーターをマップの中央に配置し、そこから分岐していくような形で考えてください。パケットキャプチャは、ネットワーク上で通信しているエンドポイントのうち、ネットワークスキャンに応答しない可能性があるものや、ネットワークフィルタリングが原因でスキャンでは到達できないものを明らかにします。選択したシステムがプロミスキャスモードで長期間パケットを収集できるようにすると、図 1-3 に示すように、パケットキャプチャで見つかったエンドポイントのリストを確認できます。

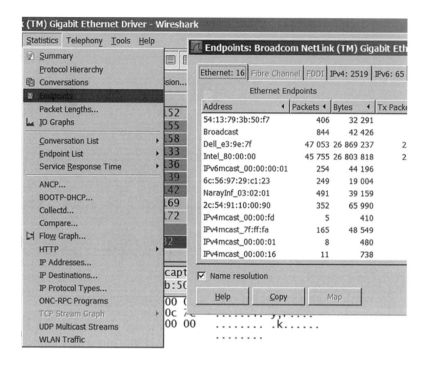

図1-3　パケット収集中に検知されたエンドポイントのWiresharkスクリーンショット

　理想的には、スキャンの到達範囲を検証するために、ネットワークスキャン中にパケット収集を実行する必要があります。また、複数のネットワークスキャンを実行することも重要です（サブネットワークごとに少なくとも1つのエンドポイントでスキャンを実行する必要があります）。これらのスキャン結果から、図1-4で示すようなネットワークトポロジーを作成できます。この工程を繰り返しやすくするために、自動化できる項目を洗い出します。

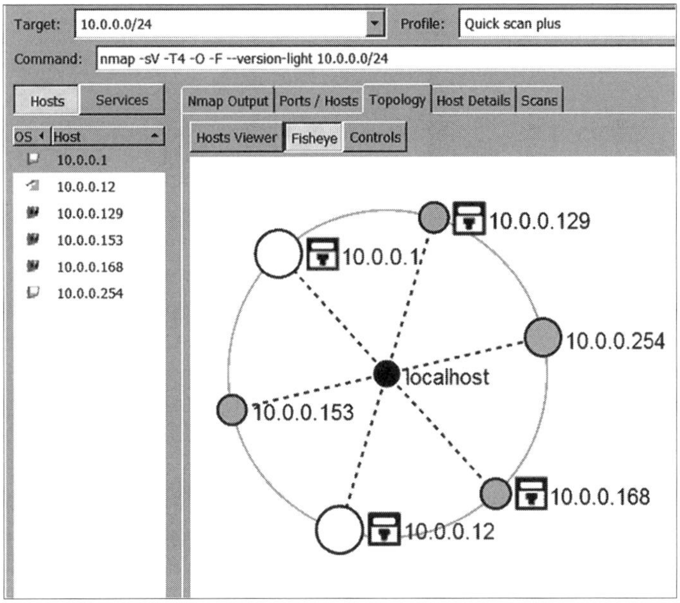

図1-4　10.0.0.0/24サブネットのスキャンのZenmapトポロジービュー

　すべてのデータが収集されたら、処理、分析、およびマージする必要があります。す
べてのデータを統合する前に、どのデータソースが最も正確であるかを確認したり、ユ
ニークで有用な情報（たとえば、機器の最後に表示された時間）を使用してデータソース
を特定すると便利です。また、不一致や矛盾があれば調査する必要があります。これに
はネットワークから欠落している機器、ネットワーク内の不正な機器、およびネットワー
クの不自然な動作や接続が含まれる場合があります。IPフィルターまたは侵入防止シス
テム（IPS）が原因で、ネットワークスキャナーが特定のサブネットに侵入できなかった
ことがわかった場合は、より深く包括的なスキャンを可能にするために、ネットワーク
変更の要求を検討してください。プロジェクトはこの段階で、ネットワークに接続され
ているすべての許可された、あるいはされていない機器を識別し、場所を特定すること
ができます。これは大きな成果です。

　SNMPデータ、ネットワークスキャン、および脆弱性スキャンを自動的に取り込み、
手動で編集して追加データを組み込むことができるソフトウェアマッピングツールを評
価します。関係者のニーズを満たす、包括的で正確かつ詳細なネットワークマップを作
成できるツールを選択する必要があります。しかるべきデータを処理でき、予算に見合っ
た最適なソリューションを選んでください。

　マップを作成したらテストします。変更管理会議／セキュリティインシデント、およびネットワーク停止／デバッグイベントの最中に、その有用性をテストしてください。その製品は問題をより早く発見し、解決するのに役立ちましたか？　精度のテストはインターフェース上の traceroute と tcpdump を使用して行います。traceroute を使って精度をテストするには、さまざまなネットワークロケーションから内部および外部のホストに対して traceroute を実行して、各ホップポイント（ルーター）がマップに存在し、マップに従って論理的に流れているかどうかを確認します。traceroute の例を図1-5 に示します。

```
C:\Users\benm>tracert -4 example.com

Tracing route to example.com [93.184.216.34]
over a maximum of 30 hops:

  1     2 ms     1 ms     1 ms  10.0.0.1
  2    18 ms    10 ms     9 ms  96.120.106.61
  3    18 ms    10 ms     9 ms  xe-5-2-0-sur01.newmexiconw.dc.bad.comcast.net [162.151.98.145]
  4    18 ms    10 ms    11 ms  ge-1-21-ur02.waldorf.md.bad.comcast.net [68.87.135.97]
  5    41 ms    11 ms    10 ms  ae-13-ar01.capitolhghts.md.bad.comcast.net [68.87.168.61]
  6    13 ms    14 ms    14 ms  be-33657-cr02.ashburn.va.ibone.comcast.net [68.86.90.57]
  7    11 ms    12 ms    12 ms  be-10142-pe01.ashburn.va.ibone.comcast.net [68.86.86.34]
  8    12 ms    12 ms    12 ms  as27471-2-c.350ecermak.il.ibone.comcast.net [173.167.57.50]
  9    11 ms    11 ms    13 ms  152.195.64.133
 10    11 ms    10 ms    11 ms  93.184.216.34

Trace complete.

C:\Users\benm>
```

図1-5　Windows上でexample.comへtracerouteを実行

　レッドチーム（攻撃側）とブルーチーム（防御側）のそれぞれが、マップを使って何が行えるのかを確認します。より短い時間でさらに優れたマップを作成することを目標にして、フィードバックを収集し、マッピングプロセスを再度実行してください。

城塞理論の思考訓練

　あなたが貴重な情報、宝物、そして人員を抱えた中世の城の支配者であるというシナリオを考えてください。あなたは忍者が城とその周辺地域を徹底的にマッピングしたという信頼できる脅威情報を受け取りましたが、それがアクティブなターゲティングの一部であったのか、単にパッシブな偵察の一部であったのかは不明です。地図がどのようなもので、どの程度詳細であるかはわかりません。あなたが持つ城の唯一の地図は、最初の建設中に使用された建築設計書であり、建築業者向けにデ

ザインされたものですが、既に古くなっています。

　あなたの地図には含まれておらず、忍者の地図には含まれているものとは何でしょうか？　あなたが知らず、忍者が知りうる城についての情報には何があり、その情報は潜入に際してどのように利用できるでしょうか？　あなたの領地の中で、忍者の地図にアクセスすることで恩恵を受けられる人はいるでしょうか？　忍者が見ているものを確認できるようにするために、忍者と同じ方法で城の地図を作ってくれる信頼できる人はいますか？

1.4　推奨されるセキュリティ管理策と緩和策

　各推奨事項は、必要に応じて NIST 800-53 標準に該当するセキュリティ管理策とともに提示されており、マップの概念を念頭に置いて評価する必要があります。

1. ネットワークマップを文書化する責任を割り当てます。チーム間でマップの更新を調整するための方針および手順を実施します。
   [CM-1：構成管理ポリシーおよび構成管理手順／CM-3：構成変更管理｜（4）セキュリティ担当者／CM-9：構成管理計画]
2. ベースラインを確立するために、ネットワークのトポロジー、アーキテクチャ、論理配置、および情報システムの構成を文書化します。
   [CM-2：ベースライン構成]
3. 欠陥の特定（マップの不正確さなど）と修復（たとえば、ネットワークアーキテクチャに固有の脆弱性など）をネットワークマッピングプロセスに組み込みます。
   [SI-2：欠陥の修復]

1.5　おさらい

　この章では、忍の地図作りの目標、地図の手本、マッピング手法の概要、および最新のネットワークマッピングの実践とテクノロジーの概要について説明しました。ネットワークマップの重要性、（優れた）マップの作成方法、および攻撃者がシステム上でインテリジェンスを収集する方法を検討したことで、あなたは想像力を刺激され、自他のネットワークのマッピングに使用できる新しいデータソースや手法のアイデアを得たかもしれません。

　次の章では、ネットワークマップを一種のデータフロー図（DFD）として使用し、脅威のモデリングを行っていきます。これは脅威アクターが攻撃したり、防御を迂回して侵入したりする可能性のあるネットワーク領域を特定することを意味します。こうしたネットワークの弱点を防御するために使用できる、新たな忍者セキュリティ手法「ガーディング」について説明します。

第0章

第1章

第2章

第3章

第4章

第5章

第6章

第7章

第8章

第2章
特別の注意を払って
ガードする

強力な要塞を有する城であっても、入隅には特別の警戒を払って警備すべきである。
── 万川集海　将知五　篝火三カ条より

　しのびには　城と陣との　ならひ有　なんじょの方と　森と物かげ
── 義盛百首　第十首
（城や陣屋に忍び込む際に注意すべき箇所は、
自然に要塞化された難所、森、死角である。）

　忍は歴史的に熟練した潜入者でした。大昔の巻物では、敵の城塞の弱点を素早く特定して、容赦なく利用する方法を説明しています。また忍自身が防御を構築するときには、知識を創造的に適用するために、高度な思考を用いる必要があることを強調しています。

　万川集海は、野営地や城の防衛を任務とする指揮官に対して、忍が侵入する可能性が特に高い場所（城の石垣のくぼんだ角、ごみ捨て場、水道管、近くの森や茂みなど）を特定、点検し、特別の注意を払って防御するよう助言しています。[1]

41

2.1　攻撃ベクトルを理解する

　城の壁を**攻撃対象領域**、城壁の弱点（たとえば、水道管や石の配置が悪く、城壁に足場ができてしまっている部分）を**攻撃ベクトル**と見なします。攻撃対象領域という用語は、攻撃者が攻撃するチャンスのあるすべてのソフトウェア、ネットワーク、およびシステムを指します。攻撃対象領域内の任意のポイントは攻撃ベクトル、つまり攻撃者がアクセス権を取得するために用いる手段となる可能性があります。サイバーセキュリティでは、攻撃対象領域を減らすことが常に望まれます。といっても、城への足掛かりを減らすと防御すべき攻撃対象領域は狭まるものの、敵がもたらしうるダメージを軽減したり、特定の攻撃ベクトルが悪用されるのを防げるわけではありません。それでも、攻撃対象領域を小さくすることで、標的の防衛が容易になるのです。

　万川集海の秘密潜入に関する巻には、野営地を実際に危険にさらす可能性のある、楽観的な防御技術、武器、思考様式のリストが含まれています。そこでは指揮官に、自分たちの環境内のあらゆる要素が、敵対者によってどのように利用されうるかを考えることを求めています。たとえば巻物では、侵入者に忍返し（攻撃者を阻むために敵の野営地の周りに設置されたスパイク）を探すように指示しています。[2] 防衛者は脆弱であると見なした場所にそのようなスパイクを配置していたため、スパイクの存在は防御が不十分な場所を敵の忍に伝えていたのです。防衛者は実質的に、自分たちの不安要素を吹聴してしまっていたわけです。忍たちは、こうしたスパイクは（ほとんどの場合、後付けされただけのものであったため）比較的簡単に除去でき、それによって標的の周囲の最も弱い場所を通過できることを知っていました。[3]

　セキュリティにおいてこのような後付けが「追加」される簡明な例は、Microsoft Windows の PowerShell にみられます。PowerShell の新しいバージョンごとに .NET Framework の上に追加された多数のセキュリティ機能は、製品の主要な欠陥に対処していないどころか、実際には PowerShell をサポートするシステムに脅威アクターが侵入するためのツールや武器の作成を可能にしています。これは、忍返しについてより詳しく調べたいセキュリティ研究者にとって優れたケーススタディです。

　今も日本に建っている古い城は、一般的にはスパイクで飾られていませんが、水道管は人が登るには小さく、周囲に生垣がなく、外壁にくぼんだ角がない等の傾向があります。これらはいずれも、城主たちが忍から手がかりを得て、脆弱性を排除するために時間をかけて努力したことを示唆しています。しかし、弱点を取り除いてガーディングの必要をなくすことが理想的ではあるものの、常にそれが可能であるとは限りません。

この章では、ガーディングの概念と、サイバーセキュリティの5つの機能の中でその概念の位置づけを説明します。次に、脅威モデリングによるガーディングを要する可能性がある、脆弱な領域を特定する方法について説明します。

2.2 ガーディングの概念

ガーディングとは、環境を観察して脅威を検知し、予防措置を講じることにより、資産を保護する行為です。たとえば、城主が城壁にあるかなり大きな排水管を弱点として特定したとします。排水管は水の排出において重要な機能を果たすため、城主はこれを保持することになりますが、その付近に衛兵を立たせ、攻撃者が排水管をアクセス手段として使用するのを防ぐ必要があります。

一般的に、組織はシステムの脆弱性やネットワークの死角、つまり特別の注意を払ってガードする必要のある脆弱な攻撃ベクトルについて、サイバーセキュリティ担当者に伝えようとしない傾向があります。一部の組織は、ネットワークのセキュリティの欠陥を発見することはサイバーセキュリティ担当者だけの責任であると思い込んでいます。多くの関係者はそもそもこうした攻撃ベクトルを認識しておらず、また認識していたとしても、商用ソリューションが存在しなかったり、一般的に認められている対策を簡単に適用できなければ、ただ弱点を無視し、悪用されないことを願う場合がほとんどです。

場合によっては、システムに手をつけることで業務が中断されるのを恐れるあまり、管理者がセキュリティ担当者に対して、レガシーなシステムの基本的なログ記録やスキャン、パッチ適用を行わないよう指示することもあります。より政治的な組織では、正式な文書化プロセスを通じて特定されない限り、脅威が有効な懸念事項として認識されない場合も多々あります。西側の城壁が消失しているのを見て、明らかな脆弱性を城主に報告したにもかかわらず、「衛兵から公式の報告書で伝えられていない」と懸念事項がなかったことにされるのを想像してみてください。

2.3　サイバーセキュリティフレームワークに基づく ガーディング

NIST（アメリカ国立標準技術研究所）**サイバーセキュリティフレームワーク**[4]は、特定、防御、検知、対応、および復旧という5つのコア機能を通じて、これらの一般的な失策を防止し、サイバー脅威に対する組織のレジリエンス向上を目的としています。これらの機能は、一般的な情報セキュリティツールとプロセスを用いて、ネットワークとシステムの脆弱性を特定するのに役立ちます。

たとえば、ほとんどの組織は、ネットワーク上のシステムの脆弱性またはアプリケーションスキャンを実行することで、弱点を特定するプロセスを開始します。これが**識別**です。これらの効果的で信頼性の高いスキャンは、パッチが適用されていないソフトウェア、パスワードのないアクティブなアカウント、工場出荷状態の認証情報、パラメータ化されていない入力、インターネットに開かれているSSHポートなどの、明らかなセキュリティ問題を特定します。次は**防御**機能です。セキュリティで保護されていないシステムが検知されると、スキャナーが問題を文書化し、セキュリティ担当者がパッチの適用、構成の変更、あるいは長期的なアーキテクチャやセキュリティシステム、ソフトウェアの実装によって脆弱性を修正、または軽減します。

攻撃経路として特定されたシステムをセキュリティ担当者が防御できない場合には、手動でシステムを**ガード**する必要があるでしょう。しかしNISTフレームワークにガード機能は存在せず、代わりに**検知**機能へと直接移行します。セキュリティ担当者は、異常なイベントを監視および調査することで敵の検知を試みます。セキュリティ担当者が侵入を検知すると、脅威を封じ込め、無力化し、報告する**対応**機能が実行されます。

最後は**復旧**機能です。システムとデータを運用可能な状態に復元し、将来の攻撃に抵抗する能力を向上させます。

これらの保護手段は、堅牢なセキュリティプロファイルに不可欠ですが、予防、保護、または応答ベースの機能です。サイバーセキュリティ業界では、人間による制御と防御を用いるガーディングの概念を情報システムに適用することはめったにありません。門番が建物に入る人や荷物を監視するような方法で、環境を出入りするすべての電子メールやWebページ、ファイル、またはパケットを、人間の防衛者が手動で検査し承認することは不可能だからです。

たとえば、1GBのネットワーク接続を備えたコンピューターは、1秒あたり100,000

を超えるパケットを処理できます。これは人間が検査できる量をはるかに超えています。防衛者は、人の目で監視を行う代わりに、自動化されたセキュリティ管理策に大きく依存するか、単にリスクをビジネスの一環として受容あるいは無視することになります。しかし最も可能性の高い攻撃ベクトルなど、特別な注意と警戒が必要な領域にのみ監視を行うのであれば、最新のデジタルネットワーク内でもガーディングを実行可能です。そして組織内におけるそのような領域を特定するために役立つのが、脅威モデリングです。

2.4 脅威モデリング

　サイバーセキュリティのガーディングに最も近いものは**脅威ハンティング**です。脅威ハンティングには、ログ、フォレンジックデータ、およびその他の観察可能なエビデンスから、侵入の指標を積極的に探すことが含まれます。脅威ハンティングを実行する組織はほとんどなく、実行する組織においても、ハンターの仕事は検知であってガードすることではありません。

　それでも、サイバー防衛者が従来のフレームワークを超えて、ネットワークや情報システムが新しい方法で攻撃される可能性を常に想像し、必要な防御を実装していくことが重要です。この目的のために、防衛者は脅威モデリングを用いて情報フロー制御を実装し、脅威にただ反応するだけに留まらず、脅威に対する保護手段を設計することができます。

　脅威モデリング（一般的には、サイバー面で成熟した組織でのみ実行されます）には、システム内のデータとプロセスのフローを説明する**データフロー図**（**DFD**：Data Flow Diagram）の文書化が含まれます。DFD は通常、フローチャートの一種として文書化されますが、詳細なネットワークマップで大まかに表すことができます。DFD は攻撃対象領域の構造化分析のためのツールとして使用でき、これにより文書化された情報システムのパラメータ内で攻撃シナリオを考えることが可能となります。脆弱性スキャン、レッドチームによる攻撃シナリオの証明、コンプライアンスフレームワークからの検証は必要ありません。また組織は、セキュリティインシデントによって脅威モデルが発覚されるのを待つことなく、脆弱性をガードするための行動をとることができます。

　現代のサイバー環境において「城の石垣のくぼんだ角、ごみ捨て場、水道管、近くの

森や茂み」に相当する部分を理解することは、特別な注意を払ってガードする必要がある攻撃ベクトルを特定するのに役立ちます。

　ある例を考えてみましょう。警備員は夜間の業務の一環として、オフィスのすべてのドアノブを引っ張って、ドアがロックされていることを確認します。ロックされていないドアを見つけた場合は、ドアをロックし、キーを保護して、セキュリティインシデントチケットを提出します。

　後に、ドアのキーがコピーされたか、あるいは盗まれたことでセキュリティインシデントが発生したと判断された場合は、組織はドアに第2レベルの認証制御（キーパッドやバッジリーダーなど）を追加し、ロックを変更して、新しいキーを発行します。これらの新しい予防的セキュリティ管理策はコンプライアンス監査の要件を満たし安全でないドアを報告したチケットはクローズされます。最高情報セキュリティ責任者（CISO）はさらに、新しいドアロックのメカニズムについての物理的侵入テストを行うためにレッドチームを雇い、チームは強化されたセキュリティ対策によって侵入が拒否されることを確認します。

　しかし脅威モデリングの演習を行ったところ、天井タイルを押しのけることで、新しいセキュリティ対策を完全に回避して、オフィスの壁を乗り越えられることが判明します。これに対処するためには、天井裏の狭いスペースにセキュリティカメラや人感センサーなどの管理策を追加することや、頑丈で破られにくい天井や床を設置することが考えられます。警備員を雇って訓練し、天井タイルの乱れ、床に落ちた天井の破片、壁の足跡といった形跡を探してもらうこともできます。この脅威をガードするには、侵入者から部屋を保護する権限とツールを備えた警備員を、部屋の中か天井裏のスペースに配置する必要があるでしょう。

　このような対策が実施される可能性は低く、提案しただけでも上司に笑い飛ばされるかもしれません。組織が特定の脅威を撃退することを諦め、受け入れたり無視したりする可能性が高い理由がよくわかるのではないでしょうか。NISTサイバーセキュリティフレームワークにガード機能が含まれていない理由もここにあるのかもしれません。しかし、詳細な脅威モデリングによって思慮深く情報を集め、創造的かつ計画的な方法で慎重に実装すれば、このガード中心の考え方によって、情報システムおよびネットワークのセキュリティを強化することができます。

　ガード機能の実装に適したシナリオの例に、**ジャンプボックス**があります。ジャンプボックスは2つ以上のネットワーク境界にまたがるシステムであり（例として踏み台サーバーなど）、管理者はあるネットワークからジャンプボックスにリモートでログインし、

別のネットワークに「ジャンプ」してアクセスすることができます。従来のサイバーセキュリティフレームワークは、既知のすべての脆弱性にパッチを適用し、さまざまなファイアウォールルールでアクセスを制限し、不正アクセスなどの異常なイベントの監査ログを監視することで、ジャンプボックスシステムを強化するようアドバイスしています。ただし、このような技術的管理策は攻撃または回避されることがよくあります。一方ガードの場合は、システムに対してリモートコマンドを実行するための承認があることを管理者に確認した後に限り、内部ネットワークケーブルを他のネットワークから物理的に切断し、直接接続できます。マシン上のアクションをリアルタイムでアクティブに監視し、悪意のあるアクションや不正なアクションを検知した際にセッションを強制的に終了することもできます。このような形でガード機能を実装することは、機密システムへの物理的アクセスとリモートアクセスの両方を保護するためデータセンターに警備員を配置することを意味するかもしれません。

2.5　脅威モデリングで潜在的な攻撃ベクトルを 見つける

　攻撃ベクトルを特定するための基本的な手順は、DFD の作成から始まる脅威モデリングのガイドラインに従うことです。DFD から潜在的な攻撃ベクトルが特定できた場合、忍の巻物では、それらを検査してどのような技術的セキュリティ管理を実施すればよいかを判断することが推奨されています。そして最後の手段として、警備員を配置してそれらのエリアを防御するのがさらによいでしょう。前の章で作成したネットワークマップは、DFD の作成に利用したり、DFD の大まかな代替として使用することができます。

1. **情報システムをモデル化**します。

   組織のネットワーク、セキュリティ、開発、ビジネス、およびその他の IT システムの所有者と専門家の助けを借りて、正確な DFD を作成します。統一モデリング言語（UML）などの高度な概念を使用する必要はありません。重要なのはシステムと、システム内の情報が正確に表されていることです。大規模で複雑なシステムでは、チームが図を作成するのに半年以上かかる場合があることに注意してください。

2. **STRIDE**（ストライド）モデリングと**ガード**を行います。

STRIDE は、情報システムにおいてうまくいかないものを説明するために Microsoft[5] によって開発された脅威モデリング手法で、システムの 6 つのプロパティを攻撃者が侵害する方法に由来する頭字語です。

攻撃	プロパティ
Spoofing Identity（ID なりすまし）	真正性
Tampering with Data（データの改竄）	完全性
Repudiation/Deniability（否認）	否認防止
Information Disclosure（情報漏洩）	機密性
Denial of Service（サービス拒否）	可用性
Elevation of Privilege（権限昇格）	認証

STRIDE モデリングを行うには、DFD を確認し、データ入力、処理、出力、その他のデータフロー／ルールがあるすべてのポイントで、攻撃者がシステムを脅す方法について仮説を立てます。たとえば、システムへのアクセスを許可する際にユーザーの指紋による ID 認証が要求される場合、指紋を偽装して別のユーザーになりすます方法が考えられます。同様に、指紋データベースを改竄して不正な指紋を挿入する方法や、指紋スキャナーをダウンさせることでより弱い認証プロセスに切り替えさせ、不正アクセスを行えるようにする方法も検討できます。

このフレームワークを学ぶと、自社のシステムを正確に表していない想像上の脅威モデルや、もっともらしい脅威が特定のコンポーネント、サーフェス、またはベクトルにどのように影響するかを説明していないシナリオに異議を唱えるようになります。そのためには、技術分野の専門家を脅威モデル作成のセッションに招待しなければならない場合があります。

たとえば、組織の脅威モデル作成のセッションで、「マルウェアの脅威が内部データベースの完全性を損なう」というシナリオが発生したとします。

この脅威は適切にモデル化されていません。このシナリオでは、何より重要な情報として、マルウェアがどのように配信およびインストールされるのかが説明されていません。また、マルウェアがデータベースの完全性をどのように損なうのかについても説明していません。データを暗号化するのか、削除するのか、それ

とも破壊するのでしょうか？　どのような方向性によって脅威からシステムへの影響を許しているかの説明もされていません。また、現在実施されている情報の流れや制御を考慮したり、現実的な対策を提供したりすることもありません。たとえば、内部のビジネスデータベースをマルウェアに感染させる最も妥当な方法が、悪意のある USB ドライブを使用することであると判断された場合、担当者による USB ドライブの使用方法を詳細に説明するポリシーの作成や、USB ポートへのアクセスを監視するカメラの設置といったセキュリティが必要になるかもしれません。組織はセキュリティに対して、USB をオンまたはオフにする機能を付与し、USB と接続できるドライブを規定し、USB ポートの情報フローと方向を制御し、要請者にアクセスを許可する前に USB ドライブ上のファイルを検査しハードウェアまたはソフトウェアをロックするかもしくは USB ポートを接着剤で使えなくすることもできます。徹底的な脅威モデリングの結果もたらされるこのような対策によって、セキュリティ担当者はリスクを受け入れたり、防御や検知の機能に制限されることなく、特別な注意を払って特定の脅威をガードすることが可能になるのです。

3. **追加されたセキュリティを知られないようにします。**

脅威モデリングは、新しい脅威を評価し、防御策を講じるための反復的かつ永続的なプロセスです。システムを急いで保護する場合は、セキュリティ管理策が**忍返し**（脆弱な領域に注目を集めてしまうような防御策）になるのを避けなければなりません。時間、リソース、または運用上の制限のために、対策の半分しか実行できておらず、意欲的で高度な脅威アクターであれば突破できてしまう場合が多々あります。たとえば、USB ポートの接着剤はイソプロピルアルコールで取り除くことができます。可能であれば、純粋なセキュリティファーストの防御アプローチの実行可能性を評価してください。

USB の脅威の例では、USB は OS カーネルの下にあるハードウェアアブストラクションレイヤー（HAL）と相互作用します。ソフトウェアやポリシー管理策によって完全に保護、または軽減することはできません（それらはカーネルの上に存在し、回避される可能性があるため）。したがって、より完全な解決策は、USB ポートが存在しないマザーボードとシャーシの構成を実装することでしょう。対照的に、USB ポートの接着剤は、USB のセキュリティに適切な対処がなされていないことを意欲的な脅威アクターに知らせるものとなります。かつて忍が水道管や壁に追

加されていたスパイクを取り除いたように、彼らが接着剤を取り除くことができれば、それは有効な攻撃ベクトルとなるでしょう。

城塞理論の思考訓練

　あなたが拠点内に貴重な資産を有する中世の城の支配者であるシナリオを考えてください。あなたは忍者が城に侵入し、地下室の糧食に火を放つことを計画しているという信頼できる脅威情報を受け取りました。地下室には複数の出入口があり、担当者が食料を運び、自由に移動しており、監視はありません。

　地下室での火災から食料を守るために、警備員がどのような対策を講じられるかを考えてください。人と食料との相互作用を制御し、被害を防ぐためには、どのような人員配置の変更が実現できるでしょうか？　警備員が地下室の火災を迅速に確認、報告、対応できるようにするには、どのような対策が必要ですか？　警備員はどうすれば地下室に侵入している忍者を検知できるでしょうか？　食料への接近を可能にする死角を減らすためには、建物をどのように改装できるでしょうか？

　別の場所に予備の糧食を確保するか、耐火性の材料で食料を保管するのが賢明ではありますが、この演習では火災の脅威に直接対処するのではなく、警備員が食料を管理および保護する方法を検討してください。

2.6 推奨されるセキュリティ管理策と緩和策

　各推奨事項は、必要に応じて NIST 800-53 標準の該当するセキュリティ管理策とともに提示されており、特別な注意を払ったガーディングの観点から評価する必要があります。

1. 監査人、レッドチームの評価、脆弱性スキャン、およびインシデントレポートの結果を確認して、パッチの適用や管理策による緩和が容易でないような環境の脆弱性（つまり、特別なガーディングを要するもの）を発見します。

   [CA-2：セキュリティ評価／ CA-8：侵入テスト／ IR-6：インシデントの報告｜（2）インシデントに関連する脆弱性／ RA-5：脆弱性スキャン]

2. 環境の脅威モデリングを実行して、脆弱性を特定します。次に、環境から設計できるものを決定します。セキュリティ機能のガーディングのコンセプトを探り、それらの管理策を簡単に排除できない脅威に対して適用します。

   [SA-8：セキュリティエンジニアリング原則／ SA-14：クリティカリティ分析／ SA-15：開発プロセス、標準、およびツール｜（4）脅威のモデル化 / 脆弱性分析／ SA-17：開発者によるセキュリティアーキテクチャおよび設計]

3. 脅威を阻止し、防御し、迅速な対応を行うために、すぐに対応できるセキュリティ担当者を警備員として雇用し、業務の脆弱な領域に適用します。

   [IR-10：統合情報セキュリティ分析チーム]

2.7　おさらい

　この章は、攻撃者が侵入の標的にする可能性が高いネットワーク環境内の場所について考えてみました。また、情報システムとプロセスの間の直接的な人間の相互作用によるガーディングの概念についても紹介しました。前の章のネットワークマップを利用するなり、環境を表現する独自のデータフロー図（DFD）を作成するなりして、警備員によって軽減できる可能性のある攻撃ベクトルや潜在的な STRIDE 脅威を特定できたかもしれません。

　次の章では、大昔の忍者が使用した「鎖国」のセキュリティ概念について説明します。これにより、攻撃者が攻撃ベクトルのプロセスを開始するために、環境内の共通の基盤や足がかりを見つけることを防げる可能性があります。

第 0 章
第 1 章
第 2 章
第 3 章
第 4 章
第 5 章
第 6 章
第 7 章
第 8 章

第3章
鎖国セキュリティ

部外者を考え無しに受け入れていると、
敵の忍が部外者を装って侵入し、内部から情報を得ようとするかもしれない。
—— 万川集海　将知四　騙されて敵の忍者を雇わない為の術六カ条より

番所などに　こつじきひにん　来りなば　あらくもてなし　追かへすべし
—— 義盛百首　第九十一首
（乞食や追放者が衛兵所の近くに来た場合は、乱暴に扱って追い払う必要がある。）

　この章では、**鎖国セキュリティ**（XENOPHOBIC Secrity）、すなわち部外者への不信に基づくセキュリティの概念と、それを一種の反特権保護ドメインとして適用する方法について説明します。この考えを説明するために、忍が通り抜けなければならなかった敵対的な環境について考えます。

　村に潜入し、すぐに情報を収集しようとする忍は、至る所に存在する課題に直面していました。それは、中世の日本人による鎖国（よそ者排斥）の蔓延です。地方の村は孤立していたため、独特の方言、髪型、衣服などの習慣が生まれ、各コミュニティで独自の社会生態系が築かれていました。[1] そうした遠隔地では通常、人口の少なさゆえに人々

53

はみな互いに知り合っており、部外者は明らかに目立ってしまいました。[2]

　部外者として、忍は日常的に疑いの目を向けられ、尾行されました。彼らは町を自由に動き回ることができず、部屋を借りたり食べ物を購入したりすることもしばしば妨げられました。当然、村人は忍に情報を共有しようとはしなかったでしょう。コミュニティの鎖国は、忍を反特権的な地位にまで引き下げていたのです。

3.1　反特権を理解する

　反特権の重要性を理解するために、まずは**特権**の概念を調べてみましょう。サイバーセキュリティにおける特権とは、ユーザーがファイルの読み取りや削除などのアクションを実行するために必要なアクセス許可を指します。最新のコンピューターシステムには、さまざまなレベルの特権を持つリング構造があります。

リング4：デフォルト（非特権）

リング3：通常のユーザー（最小特権）

リング2：スーパーユーザー（管理者）

リング1：ルート（昇格された特権）

リング0：カーネル（システム）

　たとえば、一般の村人（最小特権）や猫（非特権）は、いつでも町を離れることができます。より高い特権を持つ村長は、町の門を自由に施錠できる権限を有しています。しかし、怪しいよそ者（反特権）は野良猫（非特権）よりも少ない権限しか有しておらず、村を離れることもできないかもしれません。

　反特権地位と非特権地位の区別は重要です。一部のコンピューターシステムでは、ログアウトなどのアクションは非特権と見なされ、デフォルトですべてのリングのアクターを行うことができます。信頼できないプロセス／ユーザーは、そうしたデフォルトの非特権機能を使用して、より悪意のある行為を行ったり、より高度な目標を達成するためにある程度自由に活動を行う可能性があります。一方で、反特権のプロセスのログアウトを拒否することにより、プロセスのセッション履歴や、プロセスが存在した証拠が消去されるのを防ぐかもしれません。コンピューターシステムにおいて、リング5（反特

権）セキュリティ管理策を採用できるかどうかを検討してみてください。村の例で考えるなら、忍の疑いのある者が村を離れる前に、強制的に捜査と尋問を行うことができるでしょう。それによって、村は泥棒やスパイを捕まえることができます。さらに、侵入者の仕事をはるかに危険で高コストなものにすることで、村は敵対的な活動を確実に阻止していたのです。

そうした鎖国の村に潜入するにあたり、忍はまず異なる文化圏に入り込むための変装を覚えて訓練しなければならず、服装、方言、身だしなみ、金銭的な習慣、そしてその地方特有の社会的慣習を身に付け精通しておく必要がありました。

文化的な変装を習得した忍は次に、村に滞在するための説得力のある理由を用意しなければなりませんでした。通常、その理由は仕事に関連するものでした。忍秘伝では、忍がどのようにして一般的な作り話を適切に用意していたかを説明しています。旅修行中の僧侶や商人、物乞い、または主の命令で旅をしている侍などを装っていたようです（侍は、村人から部外者として認識されるものの、逃亡者らしき者や盗賊ほどの不信感を抱かれることはありませんでした）。

同じ仕事、クラス、または階級の人々に変装している間、忍はその職業において信用されるだけの知識を示すばかりではなく、わざと愚かな行動をとり、一般的な仕事の遂行に助けが必要であるかのようにふるまうことも推奨されていました。無知を装うことで、忍の本当の知性について標的を欺くと同時に、標的自身がうぬぼれ、警戒を緩め、遠慮なく情報を提供してくれるように導いていたのです。忍秘伝には、忍がそうした戦術を仕掛ける必要のある特定の標的（地元の役人、奉行、医師、僧侶など、地元の領主や権力者の前で働く可能性のある人々）が記されています。それらの標的は多くの場合、任務において価値のある情報を持っていました。[3]

注目すべきは、こうした中世の日本の村の社会的階層が、現代のコンピューターシステムの特権リング構造、さらにはコンピューターネットワークの層状セグメンテーションにも似ているということです。この種のネットワークでは DMZ などの外部層の信頼性が最も低く、同様に通常の村人（最小特権）は中央にいる領主、つまりリング 0 と対話することができません。

忍が適切に標的を見極める方法も、サイバーセキュリティの分野に応用できます。忍が特定の人々――比喩的にはリング 0 に近い人、またはリング 0 にアクセスできる人――を標的にしていたように、現代の脅威アクターも特権クラスのシステム／ユーザーを標的にします。したがって、防衛者は自分たちのコンピューターシステムにおいて、僧侶や奉行などの地位の高い個人に相当するものが何であるのかを考慮する必要がありま

す。さらに、現代の脅威アクターがより高い特権を有するシステム／ユーザーに接近するために使用する可能性のある偽装を検討しなければなりません。

3.2　相互運用性とユニバーサルスタンダードの問題

　意識的に考えているかどうかにかかわらず、テクノロジーの消費者にとって相互運用性は最優先事項です。人々は機器、アプリ、システム、ソフトウェアが新旧のバージョンやさまざまなプラットフォームを跨いでシームレスに動作し、他のメーカーやモデルとも互換性があることを期待します。国際標準化機構（ISO）、国際電気標準会議（IEC）、インターネット技術特別調査委員会（IETF）、インターネットソサエティ（ISOC）などの統治機関は、技術がどのように設計され、運用および統合されるべきかについて、広く合意された基準を確立しています。

　これらの取り組みによって多くの ISO 標準、Request for Comments（RFC）形式、およびその他の相互運用性プロトコルが作成されたことで、コンピューターは構築や管理、診断、修復、プログラム、ネットワーク、および実行が容易になり、より便利なものとなりました。代表的な例は、1995 年に導入されたプラグアンドプレイ（PnP）標準です。これは USB、PCI、PCMCIA、PCIe、FireWire、Thunderbolt 等の手段を介して接続された外部機器を検出して受け入れるようホストシステムに指示し、設定、ロード、インストール、および接続を自動的に行います。

　残念ながら、機能を確立してその操作性を維持することが目標である場合、セキュリティが優先されることはほとんどありません。事実、見知らぬデバイスを信頼して容易に受け入れる PnP 標準のつくりは、中世の日本人が有していたような鎖国のセキュリティ標準とは真逆のものでした。たとえば、なじみのないシステムが部外者としてネットワークに接続し、動的ホスト構成プロトコル（DHCP）に IP アドレスを要求することも、ローカルルーターに経路を尋ねることも、権限のある DNS サーバーに他の機器の名前を問い合わせることも、アドレス解決プロトコル（ARP）、サーバーメッセージブロック（SMB）、Web プロキシ自動検出（WPAD）などの、互換性の負担を軽減するように設計されたプロトコルからローカル情報を取得することが可能です。システムをネットワークに接続すれば機能し、ユーザーが期待し望んでいる動作を示すということです。しかしサイバーセキュリティ業界の利益のためには、ネットワークプロトコルにおいて「鎖国」

の考え方を強める必要があるでしょう。

　PnP のようなアクセシビリティに起因する弱みを軽減するために、ネットワークアクセス制御（NAC）やグループポリシーオブジェクト（GPO）などのセキュリティ管理策が導入されました。これらのテクノロジーは、ホストシステム上で、内部のネットワークやシステムに物理的に接続する、悪意のある外部機器から保護します。NAC は通常、DHCP をにより認識されていないコンピューターをゲスト IP サブネットまたは非特権のVLAN に割り当ててロックダウンします。これにより、外部システムは通常アクセスのためにインターネットに接続できますが、信頼できるネットワークの残りの部分からは分離されます。このような仕組みであれば、外部のビジネスパートナーやベンダーがネットワークを脅威にさらすことなく利用できるため、会議室やロビーにおいて最適です。

　ローカルホスト上の GPO は、システムに構成およびインストールできる機器の種類（外付けハードドライブ、USB、メディアリーダー等）を制限します。GPO は、組織内の既知のアプリケーションをホワイトリストに登録すると同時に、想定外のソフトウェアがホストシステムにダウンロードまたはインストールされるのをすべてブロックすることができます。

　しかしながら、これらのセキュリティ制御には注意すべき例外があります。EIA / TIA-561 および Yost 標準を使用する RJ45 イーサネット端子から、IEEE 802 標準を使用するパケットベースのネットワーキングテクノロジーは、そのほとんどが透過的で広く知られている一般的な標準のままで構築されており、外部のシステムやネットワークを跨いで素早く簡単に使用できるため、ネットワークの検出、偵察、スニッフィング、または通信を行う可能性のある不正なシステムに対して脆弱です。

3.3　自分の環境に固有の特性を開発する

　自身の IT 資産に固有のプロパティや特性があると、環境に侵入してくる不正な資産を自身の資産と区別して、ネットワークへの侵害を防御するのに役立ちます。そうした特性は検査または分析を通じて区別できるようになりますが、公に知られると対策が無効になってしまうため、特性の使用を公表してはいけません。最新の IT システムおよびソフトウェアのほとんどが設定変更により鎖国の考えを用いた IT モデルを実際に構築する

ことができます。

　最近導入された商用製品でゼロトラストモデルを使用しているものは、技術的なプロトコルと誰も信用しないという考え方の組み合わせを通じて、ネットワークやシステムをなじみのないシステム、ソフトウェア、および機器に対してネットワークやシステムを「鎖国的」にするために役立ちます。厳格なホワイトリストと認証／承認手順を設けることでも同様の結果が得られますが、適切なソリューションはコンピューター版の「方言」（ユニバーサルコンピューティング標準から逸脱するような設定、習慣、その他の固有の特性）を導入することでしょう。内部ネットワークに接続するシステムまたは機器は、組織独自の文化を「教え込まれている」必要がありますが、教育されていないサーバー、コンポーネント、ネットワーク機器、およびプロトコルは、なじみのない外部エージェントとして信用しないか拒否し、セキュリティチームにその存在を警告します。

　ある程度の創造性とエンジニアリングによって、そうした文化的なコンピューター識別子を OSI 参照モデルの任意のレイヤー（アプリケーション、プレゼンテーション、セッション、トランスポート、ネットワーキング、データリンク、物理）に実装すれば、ネットワークの部外者を識別し、攻撃者に対する追加の防御レイヤーを提供することができるでしょう。RJ45 端子の隠しアダプターで特定のワイヤーを交換する場合にも、TCP ／ IP レベルで秘密のハンドシェイク（SYN、SYN ACK、ACK-PUSH）を要求する場合にも、あるいはイーサネットヘッダーで予約ビットを使用する場合にも、鎖国ソリューションはモジュール式でカスタマイズ可能で、インスタンスごとに一意である必要があります。

城塞理論の思考訓練

　あなたが貴重な資産を有する中世の城の支配者であるシナリオを考えてください。あなたは、城の料理人に魚を売っている地元の漁師の一人が、なじみのない方法で魚を保存し、奇妙な方言で話していることに気付きました。彼のユニークな保存方法について尋ねたところ、彼は魚の味が良くなるからそうしているのだと主張します。あなたは彼の名前を認識していません。

　漁師が部外者であるかどうかを判断するために使用できる、文化的に一意な識別要素とは何でしょうか？　また、そのテストをどのように行いますか？　もし漁師が「この村で生まれたが一時的に引っ越していた」と主張した場合、その真偽をどう

やって確認しますか？　真偽を確認できず、彼がスパイであると疑われた場合、どうすれば無実の可能性のある漁師を追放あるいは処刑することなく、脅威を管理できるでしょうか？　これらの質問に答えるには、次の3つのシナリオを検討する必要があるでしょう。

　①「漁師は確かにスパイである」②「漁師はスパイではない」③「漁師の目的を知ることは不可能である」

　パートナーに怪しい漁師の役を頼み、事前にいずれかの役割を密かに選んでもらうこともできますし、頭の中で質問者と漁師の両方の役割を演じることもできます。

　この演習は、コンピューター標準や資産管理の技術的な議論を避けつつ、鎖国のメンタルモデルを用いた資産の識別について深く考えるのに役立ちます。このシナリオは架空のものですが、忍は実際に漁師にもなりすましていた可能性があります。何時間もうろついたり、地元の人と雑談したりしながら、標的について偵察するための口実が得られるからです。

3.4　推奨されるセキュリティ管理策と緩和策

　各推奨事項は、必要に応じて NIST 800-53 標準の該当するセキュリティ管理策とともに提示されており、鎖国セキュリティの概念を念頭に置いて評価する必要があります。

1. システムを検査して、仕様または要件が以前に合意されたベースライン構成から逸脱していないかどうかを判断します。
   [CM-2：ベースライン構成]
2. 組織内のすべての情報システムのドキュメントを整備して、環境内の外部システムをより容易に識別できるようにします。
   [CM-8：情報システムコンポーネント一覧]
3. 暗号化された情報、埋め込みデータ、特別なデータタイプ、またはメタデータ（たとえば、すべてのパケットを特定のサイズにパディングする）を通信の特別な識別子として使用することで、フィルターがなじみのないトラフィックを識別および制限できるようにします。

[AC-4：情報フローの実施／ SA-4：取得プロセス]

4. 鎖国の識別子の実装と知識を、新たに取得されたシステムと機器に制限します。

[SA-4：取得プロセス]

5.「鎖国」検査を組織内のデバイス識別および認証するためのセキュリティ制御として組み込みます。

[IA-3：デバイスの識別および認証]

3.5　おさらい

　この章では、忍が実際の標的偵察を始める前にオープンな変装戦術を用いて準備偵察を行うにあたり、高度な技術や時間や労力を必要としていた理由である、歴史的な鎖国の環境について説明しました。反特権の概念と、環境内の不正な資産やユーザーを識別するための独自の内部特性を作成する方法を学びました。これで、環境内で標的になりうる主要なリソースや人々を、以前の脅威モデリングの演習では攻撃ベクトルと見なしていなかったものまで特定できるかもしれません。また、そうした潜在的な標的と密接に連携するシステムまたはアカウントについて検討することもできます。

　しかしながら、正しい記章や衣服、髪型、アクセント、およびその他の特性を使用することで、忍はこの章で説明しているような鎖国の検査をくぐり抜けられるかもしれません。したがって次の章では、変装を用いて城塞に侵入してくる忍を見つけるために日本の領主が歴史的に使用してきた、マッチドペアのセキュリティ技術について説明します。

第4章

識別チャレンジ

刻印や合言葉、証明書を識別する方法は古くから存在するが、
新たな方法を発明して入れ替えていかない限り、
敵はよく似た偽物を用いて侵入を果たすだろう。
── 万川集海　将知五　相詞、相印の打合せ五カ条の事より

ようちには　敵の付入る　事ぞ有　味方のさほふ　兼ねて定めよ
── 義盛百首　第二十七首
（夜討ちでは、敵が紛れ込むことがある。
味方か確認する方法をあらかじめ決めておく必要がある。）

　次のような歴史的なシナリオを想像してみてください。軍の指揮官は大勢の部隊を夜襲に派遣した後、彼らが拠点内に戻れるように門を開けなければなりません。夜襲は戦闘に勝利するために役立ちましたが、同時に反撃の機会を与えてしまうものでもありました。敵の忍が攻撃部隊の装備を偽造するか盗み取り、部隊が拠点に戻る際に彼らの編隊に紛れ込む可能性があったのです。

　この脅威に対処するために、指揮官は夜襲部隊が門を通過する際に使用する合言葉（ワンタイムパスワード）を定めましたが、この合言葉は簡単に破られました。変装した忍

者は、前に並んでいる兵士が話している合言葉を盗み聞きできたからです。そのため、指揮官は他の識別方法を試しました。夜襲部隊に特定の秘密の色の下着を着用させ、帰投時に検査するようにしましたが、賢い忍は複数の色の下着を持ち運ぶか着用しておき、検査中に正しい色だけが見えるように下着の層を選んで引っ込めることでやり過ごしました。さらなる対策には、合言葉を日に複数回変更すること（それでも、忍が現在の合言葉を盗聴するのを防ぐことはできませんでした）や、固有の統一された記章またはトークンを用いること（ただし、忍はそれらを襲撃の際に死んだ兵士から盗むことができました）が含まれていました。

　忍はこれらの手法を、オープンな変装の技術（**陽忍**<ruby>よ<rt>ようにん</rt></ruby>）または隠密潜入の技術（**陰忍**<rt>いんにん</rt>）のいずれかに分類しました。この場合、オープンとははっきりと見えることを指します。たとえば、攻撃者は見られることを前提として、防御側の兵士の装備を着用します。一方隠密とは、カモフラージュを使用したり、暗闇に溶け込んだりして、見えないようにすることを指します。万川集海で説明されている多様なオープンな変装法の多くは、攻撃面および防御面の両方で使用できます。忍は自らの攻撃手法としてだけでなく、侵入者を発見するための手段としても、これらの手法を活用する術を知っていました。スパイが装備や紋章を複製したり、合言葉を盗聴したりするのはよくあることだったため、忍はさらに、味方と敵を区別する識別策を開発していました。

　そうした識別手法のひとつは**マッチドペア**、すなわち単語の組み合わせチャレンジによる味方の認証でした。[1] この手法は**カウンターサイン**または**チャレンジレスポンス認証**とも呼ばれます。マッチドペア手法の仕組みは以下の通りです。身元不明の人物が城門の警備員に近づき、入場を要求したとします。警備員はまず、来訪者が正しい服装をしていて、適切な紋章を持っているかどうかを確認します。確認できた場合、警備員は「木」などの言葉を発します。来訪者があらかじめ定められた対の言葉（たとえば「森」）で正しく応答しなかった場合、警備員は来訪者が敵に与する者であると判断します。万川集海では、マッチドペアのフレーズは身分の低い人々が覚えられる程度に単純なものにすべきだと述べられていますが、一方で敵に推測されそうな一般的な関連付けを使用しないようにともアドバイスされています。したがって、たとえば「雪」と「山」ではなく、「雪」と「富士山」のペアの方が望ましいでしょう。巻物では、忍と指揮官が協力して100日ごとに100通りの単語のペアを作り、毎日新しいペアを使用することを推奨しています。[2] 多数のペアを用意しておくことで、見張り番は（必要ならば）各部隊が近づくたびにリスト内からランダムにペアを選択でき、変装した敵に合言葉の正解を盗聴される可能性が低くなります。

マッチドペアは侵入者を見破るために利用されました。チャレンジに対する答えを誤った来訪者はただちに拘束され、尋問され、そしておそらくは殺されたでしょう。そのため万川集海では、敵の陣営に潜入しようとする忍に、だらしない兵士あるいは下級の兵士のような外見、行動、および言動を装うことを推奨しています。そうすれば、未知のマッチドペアのチャレンジを投げかけられた場合に、無知を主張しても疑われにくくなるからです。[3] 読者の中には、金融機関がオンライン認証用のマッチドワードや画像ペアの実装を始めていることをご存知の方もおられるかもしれませんが、そうした Web サイトは 100 通りのペアを要求しておらず、さほど頻繁に更新されてもいないことに注意してください。マッチドペアのプールのサイズや更新が乏しい場合、攻撃者はすべてのペアを観察し、盗んだ認証レスポンスを用いて不正なアクションを実行することができます。

これらの歴史的な例では、高度で活動的な敵から認証を保護しようとする際の課題を示しています。この章では、身元認証のために情報保証（IA）で使用されるさまざまな要因とともに、身元を証明することの難しさについて触れていきます。現代のサイバー脅威アクターが、認証を掻い潜るために用いるいくつかの手法に言及し、また認証が近い将来の課題となるであろう理由を表す、類似の忍の戦術を示します。さらに、忍の認証手法を最新のアプリケーションに適用する方法についてのガイダンスを指南します。この章の全体的な目標は、読者が認証と暗号学の広大な知識領域の中で迷子にならずに、この識別問題に関連する本質的な問題を把握できるようにすることです。

4.1 認証を理解する

認証は、情報システム、データ、ネットワーク、物理面などのリソースへのアクセスを許可する前に、ユーザーの身元を確認するプロセスです。認証プロセスでは、ユーザーが知っているもの、持っているもの、あるいはユーザーが何者であるかを尋ねることで、ユーザーの身元を確認します。例として、認証器（オーセンティケータ）はパスワード（ユーザーが知っているもの）、トークン（ユーザーが持っているもの）、あるいは生体認証（ユーザーが何者であるか）を要求する場合があります。組織は必要なセキュリティのレベルに応じて、**単要素認証**、**二要素認証**、または**多要素認証**を要求します。

成熟した組織では、多要素認証のレイヤーを複数使用した**強力な認証**を用いる場合もあります。たとえば、強力な認証の最初のステップではユーザー名やパスワード、指紋

などが要求され、2番目のステップでは SMS を介して送信されるトークンとワンタイムコードで認証を行います。業界の専門家の間では、第四要素（ユーザーの身元を確認する組織内の信頼できる人物など）の実用可能性が検討されてきています。興味深いことに、忍のマッチドペアのシナリオはこのテストから開始しているといえます。その場の誰も来訪者の身元を確認できない場合にのみチャレンジが行われるからです。

　認証の失敗はセキュリティ上の重大な欠陥です。ユーザーの認証 ID は、特定の（多くの場合は特権に応じた）アクションを実行可能にするアクセス許可に関連付けられています。有効なユーザーの認証済み接続への便乗に成功した攻撃者は、ユーザーのリソースに自由にアクセスし、情報システム、データ、およびネットワーク上で悪意のある活動を行うことができます。

　残念ながら、認証プロセスは不完全です。現状では数多のサイバー認証手段をもってしても、ユーザーやプロセスの ID を 100 パーセント確実に検証することはできません。これは既存の検証テストのほぼすべてが、**スプーフィング**（偽のデータを用いて別のエンティティになりすますこと）または攻撃を受ける可能性があるためです。攻撃者はパスワードを盗んだり、トークンを傍受したり、認証ハッシュやチケットをコピーしたり、生体認証を偽造したりするために、さまざまな手法を使用しています。ドメインコントローラーなどの ID 管理システムに不正アクセスすれば、攻撃者はアカウントを偽造して認証を行うことができます。特権タスクの実行のためにパスワードの再入力が必要な場合を除けば、いったん認証を済ませたユーザーが、セッション中に ID チャレンジを課されることはめったにありません。同様に、変装した忍も、チャレンジを課されることなく城の内部を歩き回ることができます。どちらの場合でも、内部にいる人は既に認証済みであると想定されているのです。

　認証の脅威に立ち向かうため、セキュリティ技術は進化を続けています。新たなソリューションのひとつは**継続認証**または**アクティブ認証**と呼ばれるもので、最初のログイン後も常にユーザー ID を検証します。しかし、継続認証のダイアログはユーザー体験を妨げる可能性があるため、タイピングのスタイルやマウスの動きなど、ユーザーの ID に関連付けられた行動特性を通じて認証を監視する手法も開発されています。こうした手法は、放置されたログインシステムに物理的にアクセスしていた攻撃者を捕らえ、ロックアウトします。これはリモートデスクトッププロトコル（RDP）セッションなどの不正なリモートアクセス方法に対しても機能します。この手法ならば、有効なクレデンシャル（認証情報）と認証器を用いてログインした攻撃者であっても見破ることができるでしょう。もちろん、人の行動は変わる可能性があります。そのうえ高度な攻撃者は、ユー

ザーの行動偵察を攻撃に組み込むことで、特有の行動さえも模倣あるいはシミュレートする可能性があります。

　実現可能なマッチドペアモデルの実装には、ユーザーの思考に基づいて ID を検証するシステムに接続されたパッシブ脳波センサーを用いる、ヒューマンマシンインターフェースも含まれます。研究によると、人間はかつて関わったことのある物体や、特定の連想をもたらす物体を見ると、脳に独特のパターンが生成されます。そのため、ユーザへ何らかの物体（マッチドペアの単語や画像の組み合わせなど）を見せ、脳の電気的応答を観察し、それらをユーザープロフィールと照合することで、ユーザーを正確に認証できます。様式化された順列で動的に生成される十分な固有のチャレンジペアがあれば、プロンプトが表示された時に、攻撃者がユーザーの脳波活動をリプレイあるいはシミュレートできる可能性はほとんどありません。

　次のセクションでは、マッチドペア認証に使用できるいくつかの手法について説明します。

4.2　マッチドペア認証器を開発する

　以下は、マッチドペア認証器を開発するためのいくつかの提案と、それらを適用するためのアイデアです。

適切な商用認証ベンダーを利用する

　ユーザーのパスワードやアカウント名など、攻撃者に侵される可能性のある識別情報とは異なるチャレンジフレーズ認証を用いるベンダーを探します。一部の金融機関では、アカウントの変更を承認する際にマッチドペアのチャレンジフレーズを使用しますが、残念ながらこの方法は通常、ユーザーがパスワードを紛失したか忘れたと報告した場合にのみ使用されます。また、チャレンジフレーズは静的で変更されません。

新しい認証システムを開発する

　認証製品は、ID コントロールと統合して、認証済みユーザーが特権アクション（admin/

root/system コマンドなど）を実行しようとするたびにマッチドペアチャレンジを提示する場合があります。このプロトコルでは、攻撃者が 1 つ以上のチャレンジペアを観察した場合でも、特権アクションを実行する要求は拒否されます。

　理想的な製品は、2 つの形式のマッチドペアチャレンジを使用します。すなわち、デイリーとユーザープリセットです。デイリーチャレンジは承認された人だけが閲覧できる場所に物理的に配布され、オンプレミスの認証要求に単語または画像のチャレンジを示し、ユーザーに対となるものを応答するよう求めます。他のすべての従業員（リモート／VPN を含む）は、忘れたり間違ったりする可能性の低い、マッチする単語ペアの大規模なセットを確立します。組織はペアをランダムに選択するかローテーションさせて、ネットワーク上で認証された無許可のユーザーを素早く特定します。（攻撃者が侵害やスプーフィングによって、クレデンシャルに独自のマッチドペアを挿入するのを防ぐために、アクティブなチャレンジシステムへの新しいマッチドペアの安全な送信、保存、および監査が必要であることに注意してください。）安全に管理された情報施設（SCIF）またはセグメント化された部屋（入室および使用に際して手動の認証と承認を要する部屋）でマッチドペアを挿入する際には、一方向インターフェースの使用を検討してください。その他のメカニズムにより、組織はマイクやカメラ、場所、実行中のプロセス、実行中のメモリまたはキャッシュ、デスクトップのスクリーンショットといった接続システムに関する情報へのアクセスを要求することで、身元不明のユーザーを待ち伏せすることができます。これにより、脅威の発生源と ID をより適切に特定できるでしょう。

城塞理論の思考訓練

あなたが貴重な資産を有する中世の城の支配者であるシナリオを考えてください。あなたは敵軍への襲撃を無事に完了し、自分の城に戻りました。あなたの軍のある兵士は伝統に則り、あなたの前に参上して、戦闘で撃破した敵の指揮官の首級を示したいと希望しています。この戦士はあなたの軍の装備を纏っており、正しい紋章を示しており、その日の合言葉を知っており、城内の構造に明るいように見えます。また敬意を払うために、あなたの拠点の中枢に入る許可を待っています。

特権アクセスを要求し、通常の認証チェックを通過した疑わしい人物を、どのように扱うべきかを検討してください。この兵士が変装した敵の忍者で、あなたに危害を加えることを意図していないかを判断するために、どういった既存のセキュリティプロトコルまたは認証プロセスを利用できますか？ 身元を確認できない場合、兵士の要求を完全に拒否する以外に、どうすればリスクを軽減できるでしょうか？

4.3 推奨されるセキュリティ管理策と緩和策

各推奨事項は、必要に応じて NIST 800-53 標準の該当するセキュリティ管理策とともに提示されており、マッチドペア識別およびチャレンジレスポンス認証の文脈で評価する必要があります。

1. 特権アカウントに設定された期間が経過した後、特権ユーザーの要求または疑わしい動作に対応して施される、セッションロックを実装します。ユーザーがマッチドペアチャレンジレスポンスを行った後にのみ、アクセスが再確立されるようにします。（チャレンジペアのマッチはシングルクリック、またはユーザーのアカウントパスワードよりも単純な単語で済むため、通常のパスワードロックよりもセッションロックの方が望ましい場合もあります。）
   [AC-11：セッションのロック／IA-2：識別および認証（組織的ユーザ）｜（1）特権アカウントに対するネットワークアクセス｜（3）特権アカウントに対するローカルアクセス／IA-10：適応性のある識別および認証／IA-11：再認証]

2. 技術サポートへの連絡や緊急電話の発信など、マッチドペアチャレンジレスポンスを行わずにシステム上でユーザーアクションを実行できるセキュリティ管理策を特定、文書化、および実施します。

   [AC-14：識別または認証せずに許可されたアクション]

3. ワンタイムチャレンジレスポンス認証器の大規模なセットを確立することで、リプレイ攻撃に耐性のあるマッチドペア認証プロセスを開発します。

   [IA-2：識別および認証（組織的ユーザ）｜（8）特権アカウントに対するネットワークアクセス - リプレイ攻撃に対する耐性]。

4. 認証を要求するユーザー機器を一意に識別できる情報をキャプチャすることで、マッチドペアチャレンジレスポンスに失敗した身元不明の攻撃者に関する情報を取得します。

   [IA-3：デバイスの識別および認証｜（4）デバイス認証]

5. チャレンジレスポンス識別システムの侵害を軽減するために、対面でのマッチドペア入力を要求します。

   [IA-4：識別子の管理｜（7）本人による登録]

6. マッチドペアチャレンジレスポンスシステムを物理的および論理的に分離し、厳重なアクセス制御を実施することで、侵害から保護します。

   [IA-5：オーセンティケータの管理｜（6）オーセンティケータの保護]

4.4　おさらい

　この章では、変装した忍が要塞に侵入するのを防ぐために、部隊の身元を確認する必要のある指揮官が直面する課題に焦点を当てました。マッチドペア識別の手法について、忍が敵を検知するためにその手法を使用した方法と、攻撃時にその手法に対して講じた防御策の両方について学びました。また、コンピューターセキュリティの認証と識別における、この手法の最新の類似物についても見ていきました。

　次の章では、認証要素と歴史的なチャレンジレスポンスに関する理解を踏まえて、二段階認証がマッチドペアと異なりつつも補完的であることを学びます。高度な侵入者を検知するために使用できる秘密の忍者式認証技術、二重封印パスワードについて説明します。

第 0 章

第 2 章

第 3 章

第 4 章

第 5 章

第 6 章

第 7 章

第 8 章

第 5 章
二重封印パスワード

時には、これらの合言葉とともに、鼻をつまんだり耳を押さえるなどの
一連の合図を使用する必要がある。
—— 万川集海　陰忍五　命令七カ条より

相計（あいけい）の識別合図には、合言葉が与えられたと同時に立ったり座ったりする、
立ちすぐり居すぐりの技法が含まれる。
—— 万川集海　陽忍中より

　万川集海と軍法侍用集のどちらの巻物にも、14 世紀の武士である楠木正成が考案した
とされる、オープンな変装を検知するプロトコルについての説明があります。[1] **立ちす
ぐり居すぐり**と呼ばれる信号技術は、ジェスチャーや姿勢、あるいは体の位置を秘密の
認証要素として使用することで、合言葉の検証プロセスにセキュリティの層を追加する
ものです。これらの手法は、変装した敵の忍が合言葉や識別マークを盗み、チャレンジ
に正しい単語で応え、各種認証チャレンジに合格していたとしても発見できるように設
計された、いわゆる**二重封印** [2] パスワードシステムを形成します。

　立ちすぐり居すぐりの最も一般的な例を見ていきましょう。正しい制服を纏い、正し
い紋章を持った人物が、門に入ろうと近づいてきます。警備員は来訪者に見覚えがない

場合、座るか立つかを選択し、チャレンジワードをささやきます。訪問者が立ちすぐり居すぐり識別プロトコルについての説明を受けた味方であれば、それに応じて事前に準備された対応するアクション（鼻や耳に触れるなどの、自明でない合図）を実行し、マッチするコードワードをささやきます。警備員は、来訪者が正しいコードワードと正しい動作の両方を返した場合にのみ、進入を許可します。（立ちすぐり居すぐりの実施方法は警備員が立ったり座ったりする以外にも複数存在したようですが、残念ながらそれらの方法は、万川集海の失われた補足セクションである**梯階論**という巻物に記録されていると考えられています。）[3]

　この手法が単純に素晴らしいのは、立ったり座ったりといった行為が通常、特に気にされないという点です。許可された人員になりすまそうとしている悪意のある観察者であっても、それが第二のサイレントなチャレンジレスポンスであることに気付かない可能性があります。警備員が座っている間に、100人が同じパスフレーズを用いてゲートに入るのを見られたとしても（警備員はその全員に見覚えがあるので、立ち上がって異なる合図を求めることはしません）、警備員が立っている場合のやり取りとどう異なるのかはわかりません。立ちすぐり居すぐりはあまりによくできており、忍でさえもこれをやり過ごすための適切な対策を有していませんでした。万川集海では、すべての検問で警備員の行動と発言を（たとえ意識せず動いているように見えたとしても）反映するよう忍に教えています。[4] もし何もなかったとしても、警備員を混乱させ、忍を要領の悪い者、あるいは単に愚かな者であると信じさせることができるかもしれません。また巻物は、未知の立ちすぐり居すぐりのチャレンジに失敗してしまった忍者にも有用なアドバイスを提供しています。とっさに考えて素早く話すか、もしくは命懸けで逃げろ、とのことです。[5]

　忍の巻物における**二重封印**の定義は明確でなく、次のような事例が実際にあったという証拠もありませんが、それでも概念のもっともらしい説明にはなっていると思います。封印はしばしば蝋で刻印されるもので、手紙や巻物の内容を保護するために古くから使われてきました。理想的には、通信の送信者それぞれが固有の金属スタンプを持っており、特定のマークを付けることができたのはその本人だけであったため、封印によって文書の真正性が確認されていました。また、意図された受信者以外の誰かが手紙や巻物を開封すると封印は破られ、改竄が行われた可能性が示されます。

　しかしながら、一部のスパイは特殊な加熱技術を用いて蝋を緩め、紙を傷付けることなく封印をそのまま取り除き、書状の内容を読んでから、元の文書を再封するか、あるいは新たに偽造した誤情報を含む文書に封印を貼り付ける術を身につけていました。封

蝋が紙に接する部分を溶かす技術への対策が、蝋に「二重封印」を施すことだったのかもしれません。書き手は単一の金属スタンプの代わりに、表面と背面の両方にスタンプの付いた、やっとこまたは万力のような装置を用いたと想像してください。封蝋の下側には、紙の内面に隠された封印が施され、これは文書を開かなければ検査できません。封印を溶かして紙から剥がそうとすると、上部の封印は保持されても、隠された第二の封印は損なわれるため、通信は二重に封印されるといえます。

単一の封印を貫通する試みへの効果的な対策として二重封印が採用された理由と、それが敵の忍の活動を検知するのにどう役立ったかがわかります。この章では、二要素認証と二段階認証の違いについて説明します。また、最新の二段階認証器に二重封印を施して、その効果を向上させる方法についても論じます。次に、二重封印パスワードを実装するにあたっての私が考える要件と基準、および既存の認証器と技術を使用する実装について説明します。思考演習を行い、二重封印パスワードの実装例を見た後で、あなたが楠木正成の才能に感謝し、この非常に直観的なアイデアを自ら試してくれることを願っています。

5.1 秘密の二段階認証

以前にも増して多くのサイバー認証および識別プロトコルで、パスワードの上にセキュリティの階層が必要となっています。これは**二段階認証**と呼ばれます。第二段階では、ユーザーはシークレットコードを提供したり、**帯域外機器**（すなわち、他の認証プロセスに関与していない機器）のボタンをクリックするなどの、追加の認証アクションを実行する必要があります。攻撃者が盗んだログイン資格情報でアカウントにアクセスするのを防ぐために使用される、前章の二要素認証とはわずかに異なることに注意してください。

シークレットコード（第二段階）はソフトウェアアプリケーションを介してランダム化できますが、通常は毎回同じ手順を用いて生成されます。残念ながら、この手順の厳格さは、攻撃者に二段階認証のメソッドを侵害するいくつもの機会を与えてしまうものでもあります。たとえば、二段階認証コードは通常、セキュリティで保護されていない平文のメッセージで送信されるため、電話クローニングによって傍受される可能性があります。この場合、コード「12345」を受信し、パスコードプロンプトでそのシーケンスを入力したユーザーは、気付くことなく攻撃者にもコードを提供してしまいます。認証に

使用される機器（多くは電話）は盗難や、コール転送を介した乗っ取り、クローニング等によって、攻撃者が認証を完了させるために使用される可能性があります。同様に、二段階コードの伝達のために確立された帯域外機器が紛失または盗難に遭い、認証プロセスを通過するために使われ、攻撃者にユーザー提供のバックアップコードを盗まれる可能性もあります。

　立ちすぐり居すぐりの手法で二段階コードを二重に封印することで、認証手順に内在する弱点のいくつかを軽減できる可能性があります。各ユーザーは、一意かつ自分にとって意味のある、事前に準備された立ちすぐり居すぐり識別子を確立する必要があります。たとえば、ユーザーが口頭などの安全な方法で、「コードが通常の緑ではなく赤のフォントで表示されている場合のみ、二段階コードの数字を、キーパッド上で 5 を中心として反転させる（1 は 9 に、2 は 8 になります [6]）」ように指示されたとします。この色の変化はサイレントな立ちすぐり居すぐり係数であり、時間の不自然さや、未確認の機器または異なる IP アドレスからの要求、あるいはその他の基準によって、システムが認証要求を疑わしいと判断した時にトリガーされます。（ログインを監視している可能性のある攻撃者から隠すために、このプロトコルの使用頻度はなるべく抑える必要があります。）この場合、正当なユーザーは赤字のコード「12345」を受信したら「98765」と返せばよいことを知っている一方で、ユーザーの資格情報を盗んだものの隠しルールに気付いていない攻撃者は「12345」を入力します。これにより認証プロセスは停止し、アカウントに要検査のフラグが立てられ、セッションに二段階認証の失敗が追加されます。二段階認証器は次に、「認証器プロトコル #5 を使用してください」というヒントを、おそらくは別の赤字コード（たとえば「64831」の場合、ユーザーは「46279」と返す必要があります）とともに送信します。再度応答に誤った場合には、さらなるアラートが行われたり、アカウントがロックされたりします。

5.2　二重封印パスワードを開発する

　業界標準の認可制御と統合された二重封印セキュリティのソリューションは、次のように行われます。

1. ユーザーの身元が疑わしい場合にのみ使用します。たとえば以下のような場合です。

    ● ユーザーが新しい機器、場所、IP アドレス、または時間帯からログインしている

    ● ユーザーがモバイル機器を盗まれた、あるいは侵害されたと報告している

    ● ユーザーがバックアップトークン、コード、またはパスワードを紛失し、パスワードをリセットする必要がある

2. 帯域外またはサイドチャネル通信方式を使用します。

3. 秘密の、ルールベースの知識要素を使用します。各ユーザーはプロトコルをカスタマイズして、隠しルールの一意なセットを作成できなければなりません。

4. 理解しやすく、覚えやすく、なおかつ明白でない認証要素を活用します。

5. 誤った推測が連続した場合や、認証の試行の間に十分な時間が経過した場合に、ルールを互いに積み重ねられるようにします。

6. 何度も認証に失敗したアカウントの制限、凍結、またはロックを有効にします。ほとんどのアプリケーションでは、パスワードを連続で誤るとロックが施されますが、二段階認証の試行を連続で誤ってもロックは施されません。

7. 二重封印について、ヘルプデスクの SOP などの文書には記載しません。また従業員は、二重封印セキュリティ層について公然と話すことを控える必要があります。

　二重封印セキュリティを普及させるには、設計者、エンジニア、およびユーザーが技術的に実現可能なものを探し、創造的な思考を適用する必要があります。たとえば、二段階認証アプリを備えた既存のモバイル機器で使用でき、ユーザーが「はい」または「いいえ」のボタンを押すだけで身元を検証できるような、さまざまな入力のバリエーションを検討してみてください。以下に、二段階認証アプリで立ちすぐり居すぐりのサインを受け取ったユーザーが行える応答の範囲を示す、いくつかの例を挙げます。

1. ユーザーは「はい」を選択する前に画面を上下逆さまに回転させ、アプリは `DeviceOrientation` ステータスをサイレントに検査して、それが `portraitUpsideDown` と等しいかどうかをテストします。

2. ユーザーは「はい」を選択する前にモバイル機器の音量ボタンを操作して、`OutputVolume` を 0.0（無音）または 1.0（最大）に設定します。アプリは音量の浮動小数点値をサイレントに取得して、意図された値と一致するかどうかをテストします。

3. ユーザーは、モバイル機器の時計が次の1分に進むのを確認できるまで「はい」の選択を待ち、進んだらすぐに「はい」を選択します。アプリはサイレントにタイムスタンプリクエストを実行して、選択時間を HH:MM:0X と比較します（X は3秒未満）。

4. ユーザーはモバイル機器で「はい」を選択する時に強く押下し、アプリはイベントの UITouch.force をサイレントに取得して、事前に設定された閾値を超えているかどうかを判断します。

5. ユーザーはモバイル機器の「はい」ボタンを素早く複数回タップし、アプリは UIEvent の tapCount をサイレントに取得して、2未満かどうかを判断します。

6. ユーザーはモバイル機器の「はい」ボタンを選択しながらジェスチャーを行い、アプリは UIGestureRecognizer をサイレントに取得して、Pinch、LongPress、Swipe、あるいは Rotation のいずれであったかを判断します。

城塞理論の思考訓練

　あなたが拠点内に貴重な資産を有する中世の城の支配者であるシナリオを考えてください。あなたの味方が使っている識別マーク、紋章、秘密のサイン、およびその他の識別方法が敵の忍に露呈しており、忍はそれらを複製して城に侵入することができるという情報が入っています。あなたは既にこれらの合言葉やサインを1日3回変更していますが、方法は不明ながら、忍はそうした変更にも対応できるようです。

　敵の忍を捕らえるために、立ちすぐり居すぐりをどのように実施すべきかを考えてみてください。二択以外の立ちすぐり居すぐり、つまり、座ったり立ったりするよりも複雑な隠しルールを作成できるでしょうか？　敵の忍に学習されるのを防ぐために、立ちすぐり居すぐりの認証プロセスをどうやって保護しますか？　立ちすぐり居すぐりを重ねて、運営時に味方間で漏洩していないかテストするにはどうすればよいでしょうか？

5.3 推奨されるセキュリティ管理策と緩和策

　各推奨事項は、必要に応じて NIST 800-53 標準の該当するセキュリティ管理策とともに提示されており、二段階（二重封印）認証の観点から評価する必要があります。

1. 異なる通信パスを介して帯域外認証（OOBA）を利用し、認証要求が検証済みユーザーから発信されていることを確認します。

   [IA-2：識別および認証（組織的ユーザ）｜（13）帯域外認証]

2. 二段階認証の秘密ルールの存在を担当者が開示しないようにします。

   [IA-5：オーセンティケータの管理｜（6）オーセンティケータの保護]

3. 立ちすぐり居すぐりが静的にならないように、複数の二重封印ルールを設定します。

   [IA-5：オーセンティケータの管理｜（7）暗号化されていない静的なオーセンティケータの埋め込みを禁止する]

4. 帯域外通信を実装し、二重封印されたルールを設定して機密性を維持します。

   [SC-37：帯域外チャネル]

5. 認証試行の失敗に対するエラーメッセージを慎重に設計し、攻撃者に悪用されるおそれのある二重封印パスワード情報が露呈しないようにします。

   [SI-11：エラー処理]

5.4　おさらい

　この章では、二重封印パスワードまたは立ちすぐり居すぐりと呼ばれる対忍者認証手法について学びました。本人確認プロセスの要素と段階の違いについて説明し、いくつかの例とともに、優れた立ちすぐり居すぐり認証器の基準を簡単に分析しました。

　次の章では、潜入時間と呼ばれる忍の概念について説明します。一日の中の特定の時間帯に、潜入の好機が訪れることを学びます。時間に基づく好機の理解は、組織において立ちすぐり居すぐり認証器を実装またはトリガーするタイミング（特定の時刻や特定の日付など）を選択し、立ちすぐり居すぐりの使用を最小限に抑えることで、その機密性を保護するのに役立ちます。

第6章

侵入時間

丑の刻まで待ったところ、忍者は護衛が眠りに落ちているのを確認した。

何もかもが完全に静かで、火は消えており、すべてが暗闇の中に残されていた。

—— 万川集海　陰忍三　隠形術五カ条より

窃盗には　時をしるこそ　大事なれ　敵のつかれと　ゆだんする時

—— 義盛百首　第五首

（忍にとって、適切なタイミングを知ることは必要不可欠である。

敵が疲れていたり、油断していたりする時がよい。）

　窃盗、諜報、妨害工作、暗殺あるいはその他の攻撃を企てるうえで、忍がスポーツマンシップやフェアプレー精神に則ることはありませんでした。それどころか、彼らは襲撃を行うために最も「望ましい時間帯と有利な立場」[1] を慎重に検討していました。正忍記では標的の気が散った時や、標的が気力を失った時、判断を急ぎそうになった時、酒を飲み騒いでいる時、または単純に疲れ果てる時まで、侵入を待つことの重要性が強調されています。

　義盛百首の第六十三首では、自らの疲労こそが「ふかくをとらん始めなりけり」[2] と述べられています。忍はそうしたふるまいを鋭く観察し、敵が木を切り倒している時や、

人員配置に集中している時、戦いの後で疲れを感じている時、あるいは警備員が交代される際に侵入することが多かったようです。[3]

　忍は敵の行動を研究する中で、予測可能な人間のルーチンが攻撃の好機を形作っていることに気付きました。巻物では1日を2時間のブロックに分割し、起床、食事、睡眠と一致しやすいブロックを選んで侵入を計画することが勧められています。適切な時間帯は攻撃の種類によって異なります。たとえば夜襲は亥の刻（午後9時から午後11時）、子の刻（午後11時から午前1時）、および卯の刻（午前5時から午前7時）に行うのが最適です——これらは十二支の動物に当てはめられています。[4]

　さらに万川集海では、一部の将官が、干支において占われる「吉日」[5] を信じていたと述べられています。そうした日付には、攻撃が成功する運命にあると考えられていたのです。もし敵の指揮官がそのような迷信を信じていることを確認できれば、忍はその情報を利用できたでしょう。たとえば、指揮官が野営地を離れるのに良い、または良くないと信じている日付に基づいて、部隊の動きを予測することができます。予測可能なふるまいのパターンに関しては、現在でもそう変わっていません。この章では、タイムスケジューリングされたイベントに相当するサイバー要素を、脅威アクターが標的にする方法について論じます。

6.1　時間帯と機会を理解する

　人々は今でも封建時代の日本人とほぼ同じスケジュールで起き、働き、食べ、休み、眠っていることから、巻物で提唱される侵入時間は、現代の労働者が業務上の課題に際して気を散らしたり、疲れ果てたり、不注意になったりする時間帯——つまり、攻撃に対して最も脆弱である時間帯と密接に一致します。ネットワークと情報システムのアクティビティおよび利用パターンの文脈で、巻物における時間ブロックを検討してみましょう。

卯の刻（午前5時～午前7時）
ユーザーは起床し、その日の最初のログインを行います。自動および手動のシステムが起動し、イベントログと syslog が急増します。

午の刻（午前 11 時〜午後 1 時）

多くのユーザーが昼休みをとり、システムからログアウトするか、タイムアウトしてアイドル状態になります。また、個人的な理由で Web を閲覧することもあります。ニュースを読んだり、買い物をしたり、個人の電子メールをチェックしたり、ソーシャルメディアに投稿するなど、異常検知システムをトリガーする可能性のあるアクティビティを実行します。

酉の刻（午後 5 時〜午後 7 時）

ユーザーは自分の業務を切り上げにかかります。彼らはファイルを保存し、おそらくは終了を急ぐため、業務とサイバーセキュリティ警戒のどちらにおいてもミスを犯すリスクが大幅に高まります。たとえば労働者は、緊急とみられる電子メールの添付ファイルを考えなしに開いてしまう可能性があります。ユーザーはアカウントとシステムから一斉にログアウトしますが、一部は単に放置され、タイムアウトによって切断されます。

亥の刻（午後 9 時〜午後 11 時）

ほとんどのユーザーは業務から離れています。在宅中であれ、社交中であれ、就寝の準備中であれ、業務用のアカウントとシステムのセキュリティのことはおそらく頭にありません。夜通し SOC をカバーする担当者がいる組織では、通常この時間帯にシフトの変化がみられ、攻撃者がユーザーのログインの間、または SOC ユーザーが夕方に向けてスピードを上げている間に攻撃を仕掛けるための窓口が作られます。時間が遅いほど、ユーザーは（たとえ深夜に慣れている人でも）状況が静かに見えるせいで眠くなったり、警戒を怠ったりする可能性が高くなります。

子の刻（午後 11 時〜午前 1 時）

ネットワークとシステムはバックアップなどの定期メンテナンスを実行し、ネットワークセンサーと SIEM にノイズが生じます。SOC ユーザーは毎日のセキュリティおよびメンテナンスタスクを完了し、プロジェクト作業に没頭している可能性があります。

寅の刻（午前 3 時〜午前 5 時）

ログファイルの処理や診断の実行、ソフトウェアビルドの開始などのバッチジョブは、通常この時間帯に実行されます。SOC 担当者を除くほとんどのユーザーは睡眠サイクルの最も深い部分にあり、そのアカウントは非アクティブです。

第 0 章
第 1 章
第 2 章
第 3 章
第 4 章
第 5 章
第 6 章
第 7 章
第 8 章

吉日

攻撃者がシステムやユーザーを狙う可能性の高い日、週、月もまた存在します。組織のリーダーが「吉日」に基づいて活動を行うことはほぼないものの、攻撃者は組織が防御をオフラインにする定期的なアップグレードまたはメンテナンスの日程や、システムとアカウントがほとんどチェックされない週末と休業日を確実に把握しています。潜在的な脅威が考慮されていなければ、こうした好機においてはネットワークトラフィックやシステムログのイレギュラーが見過ごされ、攻撃者は攻撃や偵察、コマンドアンドコントロール（C2）通信、マルウェアの拡散、あるいはデータの漏洩を実行する可能性があります。

6.2　時間ベースのセキュリティ管理策と　　異常検知器を開発する

忍の侵入時間のフレームワークを使用して、さまざまな時間帯におけるネットワークのベースライン状態、ベースラインからの逸脱、およびビジネス要件を考慮した、時間ベースのセキュリティを開発することができます。時間ベースのセキュリティの適用は、大まかに次の3つのステップで実現されます。

1. 時間帯ごとのアクティビティのベースラインを決定します。
2. 担当者が活動を監視し、割り当てられた時間内の標準的なアクティビティをしっかりと把握できるように、訓練を行います。
3. 時間帯ごとのビジネスニーズを評価します。この評価に基づいてビジネスロジックとセキュリティ原理を作成し、さらなる脅威の軽減と異常検知に活用します。

はじめに、ネットワークとシステムのログを1時間または2時間のセグメントに分割することを検討します。ネットワークとシステムの過去の傾向とアクティビティレベルを確認して、脅威ハンティングとサイバー衛生問題の特定のための重要な指標となるベースラインを確立します。攻撃が発生した時間帯だけでなく、組織の状況や脅威モデリング、および経験から決定される、日常的に攻撃に対して脆弱であるかもしれない時間帯についても特に注意を払ってください。

すべてのデータのセグメント化とベースライン化が済んだら、アナリスト、システム

管理者、およびセキュリティ専門家に訓練を行い、ネットワークのアクティビティパターンを熟知させます。また、組織のルーチンから生じるセキュリティギャップも把握させる必要があります。忍の巻物では、警備員にシフト中のあらゆるイレギュラーや違和感を精査するよう教えています。たとえば漁師が通常より遅く到着したことや、見慣れない鳥が不審な時間に鳴いたことにも気付く必要がありました。セキュリティ担当者が同じように違和感に気付くことで、異常なイベントを二度確認するようになり、それがセキュリティインシデントに繋がる可能性があります。このような深い専門知識を身につけるためには、たとえば、標的になりそうなひとつのシステムを監視して、そのシステムを熟知したうえで 8 時間の勤務中に 2 時間かけてそのシステムからのすべてのログやイベントを確認することが必要になるでしょう。この戦略は、多くの SOC が「常にすべてを監視する」という考え方をしているのとは対照的です。これは、アラートの疲労や過負荷、燃え尽きを引き起こす考え方です。また、自動化された多くの異常検知システムの問題も軽減されるはずです。異常検知システムでは、人間がすべての異常をフォローアップし、フィードバックや調査を行う必要があります。このようなシステムはすぐに圧倒されてしまい、毎日または毎週のように異常を確認しているセキュリティ担当者にとっては、データを理解できなくなってしまいます。

　セキュリティログは一時的なものではなく、将来の分析に利用できるものであることに注意してください。高度な攻撃者はセキュリティログを変更または削除したり、ネットワークタップやセンサーからのトラフィックをフィルタリングしたり、あるいはその逆に、侵入の記録とセキュリティ警告を行うシステムを侵害してくる可能性があります。しかしながら、こうしたアクションはシステムの通常の動作を妨げ、鋭いセキュリティアナリストに気付かれる可能性の高いものです。

　次に、2 つのことを自問する必要があります。

- ユーザーとシステムがアクティブになるのはいつですか？
- 敵が活動できるのはいつですか？

　ユーザーがシステムにログインして活動する方法と時間帯を理解することで、アクセスを戦略的に制限し、最も脆弱な時間帯における内外の脅威の侵入をより困難にできるようになります。たとえば、システムが午後 8 時から午前 8 時の間に使用されていない場合、その時間帯にはシステムの電源を切っておきます。ユーザーが土曜日にシステム

にアクセスする業務上の理由がない場合、土曜日にはすべてのユーザーのシステムへの
アクセスを無効にします。決まった時間帯にシステムを無効にしておけば、確認するア
ラートとシステムが少なくなるため、特定の時間帯に異常を検知するように SOC 担当者
を訓練するのにも役立ちます。NIST 標準ではそうしたアクセス制御の実装が提案されて
いますが、多くの組織は緊急時（およそ発生しそうにないとしても）における運用上の利
便性のために、これらが実施されていません。

城塞理論の思考訓練

　あなたが貴重な情報、宝物、そして人員を抱えた中世の城の支配者であるシナリ
オを考えてください。あなたは、忍があなたの城への侵入を計画しているという信
頼できる情報を受け取りました。警備員は時間に関して完全な情報を得られるもの
の、以下の規則しか変更できないと想像してください。

- 門または扉（内部または外部）が施錠、および解錠される時刻
- 門限の時刻（それ以降に室外で発見された人は誰であれ拘束されます）

　これら2つの時間ベースの管理策のみを厳密に実行することで、どの程度の完全性、
情報保証、およびセキュリティを実現できるかを検討してください。城の住人をこ
れらの制限下で活動させるには、どのような訓練が必要になるでしょうか（夜間のト
イレの使い方、他の人々が眠っている間に敷地を清掃する方法、夜間配達の受け取
り方など）？　セキュリティ管理策を機能させるために、どのような妥協が予想され
ますか？

　この演習では、架空の城またはオフィスビルの地図を描くと有用です。あるいは、
ネットワークマップやデータフロー図（DFD）の抽象化されたレイアウトを「建物」
として用いることもできます。スイッチは廊下、ルーター／ファイアウォールは扉、
システムは部屋、VPN／出口ポイントは門とみなされます。

6.3　推奨されるセキュリティ管理策と緩和策

　各推奨事項は、必要に応じて NIST 800-53 標準の該当するセキュリティ管理策とともに提示されており、侵入時間の考え方を念頭に置いて評価する必要があります。（これらの手法を適用するには、ログとアラートにタイムスタンプが存在し、すべてのシステムの時刻が同期している必要があることに注意してください。AU-8：タイムスタンプを参照してください。）

1. 業務時間を評価し、脅威のモデリングを実行します。攻撃に対して最も脆弱なのはいつですか？　準備のために担当者を訓練するにあたって、何ができますか？
   [NIST SP 800-154：データ中心のシステム脅威モデリングのガイド][6]

2. ユーザーのビジネスおよび業務上のニーズに基づいて、アカウントに時間ベースの特権制御を実装します。たとえば午後 7 時以降に、特定のユーザーの能力を、仕事用メールの送受信に限定します。[AC-2：アカウント管理｜（6）動的な権限管理]

3. 特定のアカウントにログインまたは使用する機能を、決まった時間帯に限定します。たとえば、午後 9 時から午後 11 時の間に非アクティブなアカウントから許可のないアクションの試みがあった場合、ただちにユーザーに警告して本人確認を行います。応答が、なかったり認証に失敗していれば、SOC にアラートを行います。
   [AC-2：アカウント管理｜（11）使用条件]

4. ヒューリスティック分析システムを活用して、定められた時間内の異常なシステムアクセスや利用パターンを検知します。ユーザーは自主的に「通常の用い方」のパターンを文書化して洞察を加え、予想される就業時間中の行動のモデル化に役立てる必要があります。
   [AC-2：アカウント管理｜（12）通常とは異なる用い方をされたアカウントの監視]

5. システムの所有者とユーザーに、予想されるシステムの使用時間と、電源を切ることができる時間帯の文書化を要求します。
   [AC-3：アクセス強制｜（5）セキュリティ関連の情報]

6. 攻撃者が活動できる時間枠を短縮します。戦略的な企業ポリシーを定義し、機密情報や専有情報には定められた時間内（たとえば、平日の午前 11 時から午後 3 時など）にのみアクセスするようにします。
   [AC-17：リモートアクセス｜（9）リモートアクセスの切断・無効化]

7. ログインの成功または失敗を、最終ログイン日時とともに、アカウント所有者に通知します。この情報を追跡することで、ユーザーはアカウントが侵害された場合に SOC にアラートを行ったり、不正アクセスが発生した際に SOC に伝えられるようになります。

[AC-9：ログオン（アクセス）に関する前回の通知 |（4）追加のログオン情報]

8. 業務時間の制定後、指定した時刻に自動的にロックされ、すべてのセッションが終了されるようにユーザー機器とシステムを構成します。

[AC-11：セッションのロック]

9. インフラストラクチャおよびシステムへの変更が許可される日時を伝えるポリシーを文書化します。これは、ネットワークと構成のリアルタイムでの変更を SOC が評価する助けになります。

[AU-12：監査記録の生成 |（1）システム全体にわたる / 時間相関のある監査証跡 ／ CM-5：変更に対するアクセス制限]

6.4　おさらい

　この章では、十二支に基づく日本の伝統的な時刻、干支が占いに与えた影響、そして忍がそれらを利用して敵地に侵入したり、標的の裏をかく機会をとらえていた方法について学びました。時間帯によるネットワークアクティビティの変化と、時間ベースの制御を通じて攻撃の機会を減らす方法を検討しました。あなたは忍のセキュリティ基準に精通したといえます。具体的には、警備員が監視区域のごく小さな違和感（攻撃者の存在を示している可能性のあるもの）にも気付けるよう期待されていたことを学びました。さらに、これらの概念の一部を脅威ハンティング、セキュリティ運用プロセス、および異常検知システムに適用する方法のガイダンスを確認しました。

　次の章では、時間の情報をマルウェアから隠す、時間機密性に関するアプリケーションを確認します。これにより、防衛者は特定の検知および防御オプションを実行できるようになるかもしれません。

第 7 章
時間情報へのアクセス

攻撃は遅れることなく、早まりもせず、完全に時間通りに開始すべきである。
── 万川集海　将知二　将と呼応する三カ条より

敵の城　敵の陣所に　火をつけば　味方に時の　やくそくをせよ
── 義盛百首　第八十三首
（敵の城や陣地に火をつける場合は、点火時刻をあらかじめ
味方と調整しておく必要がある。）

　忍の任務中、特に夜間において、最も重要で複雑な務めのひとつが時刻を把握することでした。このタスクが簡単に思える場合は、忍の時代には現在のような時計がなかったことを思い出してください。砂時計でさえ、17世紀初頭までは使用できませんでした。[1]適切なタイミングで合図を送り合ったり、攻撃を調整したり、敵が脆弱になるタイミングを知るなどの目的のために、忍は時刻を正確に知る方法を開発する必要がありました。

　時間を示す歴史的な方法のひとつは、一定の速度で燃えることがわかっているお香やロウソクに点火し、特定の間隔で鐘を鳴らして時刻を知らせることでした。万川集海では、星の動きなどの環境の手がかりや、重量ベースの計器を用いて時間を知ることを推奨しています。[2] ここでいう重量ベースの計器とは、秤と水の流れ／重量のからくりに

85

よって時間の間隔を正確に示す**水時計（クレプシドラ**とも呼ばれます）であると思われます。他の巻物には、猫の虹彩の拡張度の変化を一日中観察したり、夜間の住居の微妙な熱膨張を特定の時刻に対応させるなどの、より困難な選択肢が含まれます。[3] 忍はさらに、より活発に呼吸している鼻孔を意識することによって時間を導き出す方法も学んでいました。巻物では、顕著に呼吸を行う鼻孔が交互に入れ替わる一定の間隔を利用して、時間を把握する方法を説明しています。このアイデアは疑似科学のように見えるかもしれませんが、1895 年にはドイツの科学者 Richard Kayser が、日中においては人の鼻の各側に血液が溜まり、一方の鼻孔の気流が顕著に減少したのち、もう一方の鼻孔への交代が生じることを観察、記録しています。[4] 忍の鋭い観察技術は、西洋での科学出版の300 年以上も前にこの現象を特定していただけでなく、その実践的な利用方法をも開発していたことになります。たとえば忍が標的のいる床の下の狭い空間に横たわっていた時、そこではロウソクやお香に火を灯すことも、道具を使って時間を測ることもできず、目の輝きが床の割れ目を通して標的の注意を引いてしまう可能性を考慮すると、目を開けてみることさえできなかったかもしれません。このような不快な状況下で、彼らはじっと横になり、攻撃を仕掛ける時が来るまで自らの鼻の呼吸に注意を払っていたのです。忍の克己、工夫、そして創造性の傑出した例であるといえます。

　忍の巻物によく出てくる時間についての言及と、時間を把握するために開発された面倒な方法とを組み合わせて考えると、脅威アクターが効果的に活動を行うためには時間の把握が重要であったからこそ、このような手法が開発されたのだろうと想像できます。現代社会には安価に、簡単に、正確に時間を知る方法が遍在しており、私たちはほぼ確実に、時間やその測定を当たり前のものとして捉えることに慣れてしまっています。

　この章では、デジタルシステムにおける時間情報の価値と重要性を再考し、既存のベストプラクティスを利用して、時間情報の生成、使用、保護の方法を簡単に確認します。そして、次のようなことを尋ねます。正確な時間情報が攻撃者にとって非常に重要である場合、彼らから時間情報を隠すことができたらどうなるでしょうか？　あるいは、攻撃者による時間情報へのアクセスを拒否できたら？　もしくは、不正確な時間情報によって攻撃者を欺くことができたら？

7.1　時間の重要性

　現代のほとんどすべてのコンピューターシステムの操作には時間情報が必要です。コンピューターは順序論理を同期し、機能の間隔を規定するクロック信号を生成することで、有限の時間パルスを確立します。このパルスは、システムがデータに対して安定的かつ信頼性の高い入出力環境で操作を行うための、時計の刻みのようなものです。政府や経済、企業、そして私生活を運営する広大で複雑なネットワークとシステムは、そうしたパルスに則って動作しており、時間情報を継続的に要求します。それらは時計がなければ機能できないのです。

　時間データを保護するために、多数のセキュリティ管理策が存在します。ネットワークタイムプロトコル（NTP）サーバーでの ID 認証は、攻撃者がシステムの信頼できる時間ソースを欺いていないことを確認します。NTP サーバーでは暗号化とチェックサム（暗号化は通信をエンコードし、チェックサムは送信中のエラーを検知するのに役立ちます）によって時間データの完全性を検証し、改竄から保護します。ノンスは、反復送信のエラーを防ぐために時間通信に追加される任意のランダムな番号です。タイムスタンプと時刻同期ログは、システムの時刻を信頼できるタイムソースによって報告された時刻と比較します。NTPは複数のタイムソースと代替の伝送方法を活用して可用性と耐障害性を保っており、また NTP へのアクセスが拒否されていたり利用できない場合でも、最後の同期に基づいて時間を正確に見積もるバックアップ方式が利用できます。さらなるセキュリティのベストプラクティスには、監査記録のタイムスタンプ、不稼働に基づくセッションのロックアウト、時刻に基づくアカウントへのアクセス制限、日時情報に基づくセキュリティ証明書とキーの有効性の評価、バックアップの作成時期の確立、キャッシュ記録を保持する期間の判断などが必要となります。

　これらの管理策は時間データの完全性と可用性を保護しますが、機密性の保護について十分な考慮が行われることはめったにありません。最近ではほとんどのアプリケーションがいつでも時間情報を要求でき、日付と時刻だけでなく、clock ライブラリおよび関数へのアクセスも許可されているのが一般的です。NTPではシステムと通信する時間データを暗号化できますが、現在のシステム時間へのアクセスを制限することに関する管理策は著しく不足しています。時間情報は、攻撃者がマルウェアを拡散するために利用する重要な情報であるため、この管理策のギャップを見極めることは大切です。例として、破壊的なマルウェアである Shamoon[5] は、サウジアラビアが週末を迎える頃に実行さ

れ、最大のダメージを与えるように仕掛けられていました。誰かに気付かれる前に、感染したすべてのシステムを消し去るように設計されていたのです。

　その他の一般的な攻撃には、機密情報の開示、競合状態の誘発、デッドロックの強制、情報状態の操作、暗号の秘密を暴くためのタイミング攻撃の実行などが含まれます。より高度なマルウェアは、時間情報へのアクセスを利用して以下のようなことを行います。

- 検知を回避するために、設定された期間スリープする。
- 円周率を 1,000 万桁まで測定し、計算にかかる時間を計測することで、感染中のシステムがマルウェアを捕捉するように設計されたサンドボックス／隔離環境にあるかどうかを判断する。
- 特定の時間指令に基づいて、コマンドアンドコントロール（C2）への接続を試みる。
- 標的システムの状態、位置、および機能を明らかにするタイミング攻撃を通じて、メタデータおよびその他の情報を暴く。

　管理者が（ローカル、リアル、および線形）時間情報へのアクセスを拒否できれば、攻撃者が標的とする情報システム内で操作を行うことは大幅に困難に（あるいは不可能に）なるかもしれません。しかしながら、時間クエリの無計画な制限は、連鎖的な障害やエラーを引き起こす可能性が高いことに注意しなければなりません。時間情報へのアクセスを拒否するには、正確なアプローチが必要です。

7.2　時間機密性を守る

　時間機密性はその他の時間セキュリティに比べてあまり定着していないため、このようなセキュリティ管理策を適用するには、組織やさらに大きなセキュリティコミュニティによる特別の努力が必要となることに留意してください。

ベースラインを決定する

　環境内で時間情報へのアクセスを必要とするソフトウェア、アプリケーション、システム、および管理コマンドを確認します。関数のフッキング（関数呼び出しの遮断）とロギングを実装して、誰が何を要求しているかを判断します。確立したベースラインを使用して、異常な時間クエリを検知するとともに、追加のセキュリティ管理策（たとえば、

ジャストインタイム [JIT]）の可否を判断するための時間情報のニーズ評価を行います。

技術的能力を評価する

　時間機能へのアクセスを制限するために有効化できる技術的管理策について、ハードウェアの製造元とソフトウェアのベンダーに問い合わせます。そのような管理策がない場合は、新たな機能の実装を要求し、業界内での時間機密性に関するソリューションの開発を奨励してください。

ポリシーを確立する

　時間情報へのアクセスの拒否は伝統的なセキュリティ管理策には含まれていませんが、その施行に際しては一般的な管理策と同じく、要件を詳細に示す戦略的ポリシーを確立する必要があります。ここでは時間情報へのアクセスの制限と、アクセス試行の監視が要件となります。できる限りすべての変更管理の決定、新しいハードウェアとソフトウェアの調達、および SOC の優先順位付けに、時間の機密性の概念を組み込みます。新たなポリシーを正式に文書化し、組織の CISO から確実に承認を受けます。

城塞理論の思考訓練

　あなたが貴重な資産を有する中世の城の支配者であるシナリオを考えてください。あなたは、午前 3 時ちょうどに城に火を放つよう指令を受けた忍が城に侵入したという、信頼できる脅威情報を受け取りました。夜間には鐘塔の警備員がロウソク時計を燃やし、120 分ごとに鐘を鳴らすことで、他の夜警のスケジュールを維持します。この音は忍にも聞こえると思われます。

　脅威を軽減するために、時間情報へのアクセスをコントロールするにはどうすればよいでしょうか？　城内の信頼できる個人のうち、時間情報を必要とする人や、完全なアクセスを与える必要のない人とはそれぞれ誰でしょうか？　時間情報の制御のみを使用して、攻撃を阻止したり、忍を発見するにはどういったアクションが実行できるでしょうか？

7.3　推奨されるセキュリティ管理策と緩和策

　各推奨事項は、必要に応じて NIST 800-53 標準の該当するセキュリティ管理策とともに提示されており、時間機密性の概念を念頭に置いて評価する必要があります。

1. タイムスタンプログなどの情報監視ログの時間データへのアクセスをブロックする保護を実装します。時間情報の流出やタイムスタンプの漏洩を防ぐには、物理、環境、メディア、および技術的な管理策が必要になる場合があります。
   [AU-9：監査情報の保護]
2. 環境内の時間情報に関するアクセスと機密性の制御を実装するために必要な理解、要件、戦術など、時間に関する現時点での情報アーキテクチャを確認します。関係者が時間制限に同意する場合は、承認された予算、リソース、および実装のための時間と併せて、セキュリティ計画に文書化します。
   [PL-8：情報セキュリティアーキテクチャ]
3. ログレビューと内部調査を実行し、ポート 123 を介して環境内の非公式な NTP サーバーとの間で発生している通信を見つけます。外部 NTP サーバーへの NTP 通信を探し、制御下にない NTP サーバーへのアクセスをブロックすることを検討します。
   [SC-7：境界保護]

7.4　おさらい

　この章では、忍が時間を把握するために使用していたいくつかのツールと、彼らが時間の情報を利用して行っていたことについて学びました。現在のセキュリティ慣行が主にシステム時間の可用性と完全性に焦点を合わせていることを踏まえて、サイバー運用とセキュリティにおける時間情報の重要性について説明しました。また、時間情報の制御によって忍の攻撃を緩和する方法を探る思考演習も行いました。

　次の章では、忍がいかにしてさまざまなものをツールに転じさせ、タスクを達成していたのかについて論じます。それらに相当するデジタル「ツール」が何であるかを理解することで、そうしたツールが新たに武器化されるのを検知および保護したり、最低でもそれらの使用を妨げることができるかもしれません。

第 8 章
ツール

第0章
第1章
第2章
第3章
第4章
第5章
第6章
第7章
第8章

**忍器を用いる際には、必ず風が鳴っている時を選ぶことで一切の音を隠し、
また常に回収することを忘れてはならない。**
── 万川集海　陰忍二　器を用いる術十五カ条より

しのびには　道具さまざま　多（おおく）とも　まづ食物は　こしをはなすな
── 義盛百首　第二十一首
（忍として道具をいくつ持っていても、まず何よりも食べ物を
腰につけることを忘れてはならない。）

　ハリウッド映画で描写される忍者は往々にして手裏剣や刀を振り回していますが、本
物の忍は多種多様な道具や武器を開発しており、また細心の注意を払って仕事に適した
道具を選ぶよう教えられていました。[1]

　3種の忍の巻物はいずれも、秘密の道具について記述するためにかなりのスペースを
費やしており、その多くは当時における革新的な技術でした。万川集海だけでも、道具
に関する巻が5つも含まれています。

　それらの指示の中で述べられているのは、最良の道具とは複数の目的に使用でき、静

91

かで、かさばらないものであるということです。[2] 正忍記では、忍に持ち運ぶ道具の数を制限するよう勧めています。どんな装備であっても、それが場違いなものに見えると疑いを招く可能性があるからです。[3] またこの巻物では、忍が標的の道具や武器を探し出して破壊することを推奨しています。このような道具は、忍の能力の中心となる重要なものでした。[4]

　もちろん、忍は大型の忍用品店から道具を購入していたわけではありません。その代わりに、彼らは巻物の案内に従って、容易に購入、発見、または作成できるアイテムから効果的な道具を作り出していました。このアプローチにはいくつかの利点がありました。そうした日用品は、強く疑われることなく持ち運べる[5] だけでなく、忍の変装を補強する小道具としても機能していました。たとえば、豊臣秀吉や織田信長などの支配者は、反抗勢力の攻撃力を弱めるために、刀狩（民間人が持っていた、刀をはじめとする武器の大量没収）をしたことがあります。[6] この状況では、武士ではない者が公の場で刀や武具を身に着けていると、その武器を押収されることが予想されます。これを回避するために、忍は一般的な農具を密かに改造し、武器として使用できるようにしていました。（鋭利なものであっても、農具を公共の場で持ち運ぶことを禁じる布告はありませんでした。）訓練された忍の手にかかれば、日常的な農具は凶器と化すのです。

　実用性について、道具はただ使うのではなく、その目的を禅の悟りのように理解することが、道具を使用する基本原則であると万川集海は主張しています。[7] 忍はしばしば道具の有用性について深く考え、道具を使う訓練を重ね、現場での使用法について見直していました。その結果、忍は既存の道具を改良したり、新たに道具を発明したりして、その知識を仲間の忍に伝えていました。[8]

　この章では道具、すなわちツールについて検討します。ツールの二面性——同じツールがその使い手に応じて、良い特性と悪い特性のどちらも発揮しうるということに触れていきます。この**陰陽**二極の概念は、ハッカーがデジタルツールにアプローチする方法を理解するのに便利なモデルです。たとえば、ユーザーを支援するために設計されたツールが、いかにして悪意のある目的に使用されうるかを考えてみてください。

　各種ツールは正負両面の可能性を有していることに加えて、さまざまな形で再利用あるいは応用することも可能です。例として、ハンマーの使い方を 10 通りほど考えてみてください。こうした簡単な思考演習は、ハンマーが正確にはどういったものなのか、どのように改良されるのか、そして何か新しいことを達成するために、いかにして新たな種類のハンマーが発明されるのかについての理解を深めるのに役立ちます。これらと同様の創造的なスキルは、デジタルおよびソフトウェアベースのツールの再コーディング

にも適用できます。最高レベルの習熟度においては、この創造的な再利用は熟練の鍛冶屋の仕事に類似しています。鍛冶屋は、自分たち自身の技能に対する考え方を劇的に変えうる新しい道具や機械、システムを作り上げ、自らが構築できるものの周囲に新たな可能性を切り拓き、また新しい武器、防御、道具を開発するための能力を高めていくことができます。

　はっきり言うと、ツールの敵対的な使用という脅威から完全に逃れることは不可能であると思われます。そこで本章では、ツールに関するセキュリティのベストプラクティスと、攻撃を緩和する可能性のあるコントロール強化について説明します。

8.1　自給自足型攻撃

　サイバーセキュリティにおける**ツール**とは、タスクの手動操作や自動操作を支援する手段です。広く包括的な定義に聞こえるかもしれませんが、その通りです。物理ツールとしては BadUSB や Wi-Fi スニファ、ピッキングツールなどがあり、ソフトウェアツールにはプラットフォームやエクスプロイト、コード、スクリプト、実行可能ファイルなどが含まれます。コンピューターシステムはその全体がひとつのツールでもあります。ツールは合法的に使用できますが、ハッカーの手に渡った際には武器と化します。たとえば、管理者がシステムのリモートメンテナンスを行うために使用する SSH クライアントについて考えてみてください。これは、攻撃者がシステムを攻撃してファイアウォールを回避するためのリバース SSH トンネリングにも使用できてしまいます。

　忍と同様、サイバー攻撃者も目的の達成はツールに大きく依存しており、そのツールの開発、カスタマイズ、ブラッシュアップ、現行の技術と比較したテストを続けています。洗練された脅威グループでは、専用ツールとツールセットを維持・改善する開発者を常時雇っているほどです。これに対して、積極的なサイバー防衛者は、そうした専用ツールのリバースエンジニアリングに取り組み、有用なセキュリティポリシーおよび検知シグネチャの実装や、サンドボックス環境で悪意あるツールの機能テスト、危険なツールを識別してブロックするアプリケーションホワイトリスト作成など、対策の構築に取り組みます。新しい対策が適用されれば、ホストベースのセキュリティがツールを即座に隔離して、ツールへのアクセスをブロックし、セキュリティ担当者にツールの存在を警告するようになり、攻撃者は標的システムにツールをダウンロードまたはインストー

93

ルできない場合もあります。

　特殊なツールやマルウェアはホストベースのセキュリティシステムに検知されブロックされるため、現在では多くの攻撃者が「自給自足（または環境寄生）」と呼ばれる侵入戦術を実践しています。このアプローチを用いる攻撃者は、まず標的システムで既に使用されているソフトウェアとツールに関する情報を収集し、次にそれらのアプリケーションのみを用いて攻撃を構築します。システムで使われているアプリケーションであれば、ホストシステムの防御によって有害であると見なされることがないためです。自給自足型攻撃では、標的とするマシンのディスク上の任意のファイル（タスクスケジューラ、Web ブラウザ、Windows Management Instrumentation（WMI）コマンドラインユーティリティ等）やスクリプトエンジン（cmd/bat、JavaScript、Lua、Python、VBScript 等）を使用できます。標的環境に合わせて、すぐに利用でき溶け込みやすい一般的なアイテム（農具など）を選んでいた忍と同じように、ハッカーも標的マシン内に既に存在するものを採用して、日用のユーザーツールや管理ツール、アプリケーション、および OS ファイルを目的のためのツールに転用することができるのです。

　Windows マシンで悪用されやすい一般的なツールのひとつは、Microsoft の強力な PowerShell フレームワークです。Microsoft 側も、脅威アクターがシステムへの侵入、不正なアクションの実行、その他の方法で組織のシステムを侵害するために、PowerShell を頻繁に狙っていることを認めています。また Microsoft は、PAM（Privilege Access Management）などのセキュリティおよび緩和機能を提供し、JIT（Just in Time）管理と組み合わせて JEA（Just Enough Administration）を実施しています。残念ながら、どこでも使える PowerShell は JEA/JIT により、人である IT 管理者には悪夢のようなアクセス制御にされてしまいました。どうなったのでしょう？　技術的な詳細は割愛しますが、問題のトラブルシューティングに呼ばれる技術者がドライバー 1 本しか持参を許されず、かつドライバーを利用できるのは午後 1 時から 2 時までのみ、というような状況を想像してみてください。

　IT チームが自分たちの業務効率を厳しく制限してもよいという場合に限れば、アクセス制御手段を用いたツールのロックは有効です。それでも、標的となるシステム内に先述のような日用のツールが存在する限り、危険は内在しています（サイバーセキュリティの専門家は、脅威アクターがツールのローカルロックを難なく解除する様を目撃しています）。サイバーセキュリティにおける確定事項のひとつは、高性能なツールが存在する限り、それらが悪用される可能性もまた存在する、ということです。

8.2　ツールを保護する

システム利用者は業務のためにツールを必要とし、攻撃者もまた活動のためにツールを必要とする——ツールの保有にはそうしたパラドックスが存在します。この課題に対するアプローチのひとつは、ツールの数を（量、機能、アクセス、および可用性の観点で）最小限に抑えることです。この戦略下では、自身の環境内で適切なセキュリティ管理策を伴って業務を行うことは**やや**難しくなりますが、潜在的な攻撃者による活動はさらに困難になるはずです。このアプローチの欠点のひとつは、環境をリモートで管理する機能の耐性と堅牢性が弱まることです。そのため攻撃者が重要なツールを侵害し、削除あるいは破壊した場合には、システムを管理および修復する能力がシステム自身の防御によって妨げられてしまうかもしれません。ツールを保護するには、以下の手順から始めることをお勧めします。

1. **ベースラインを決定します。**

   役割ベースの従業員調査を実施し、組織内のすべてのシステムにわたってソフトウェアインベントリ監査を実行します。環境内のあらゆるツール（すべてのソフトウェア／アプリケーション、スクリプト、ライブラリ、システム、役割を含む）のユーザー、バージョン番号、およびシステム位置の包括的なリストを文書化します。これには、以下のような OS およびシステムファイルが含まれます。

sc.exe	find.exe	sdelete.exe	runasuser.exe
net.exe	curl.exe	psexec.exe	rdpclip.exe
powershell.exe	netstat.exe	wce.exe	vnc.exe
ipconfig.exe	systeminfo.exe	winscanx.exe	teamviewer.exe
netsh.exe	wget.exe	wscript.exe	nc.exe
tasklist.exe	gpresult.exe	cscript.exe	ammyy.exe
rar.exe	whoami.exe	robocopy.exe	csvde.exe
wmic.exe	query.exe	certutil.exe	lazagne.exe

2. **調査結果を確認し、ニーズを査定します。**

すべてのツールを評価し、どのユーザーがそのツールを必要としていて、どのように、どこで、いつ使用されているのかを判断します。すべてのツールについてリスク評価を実施し、攻撃者にアクセスされた場合の潜在的な影響を判断します。ツールの機能を制限してセキュリティを強化しつつ、ビジネス運営のための正当な妥協点を組み込む方法（たとえば、Microsoft Word や Excel でマクロを無効にするなど）を文書化します。

3. **制限を実装します。**

不要なリスクを含むツールの可用性、アクセス、および認可を制限します。すべての例外事項を文書化し、ユーザーが承認の更新を要求できるように、四半期ごとに例外を再検討することを計画します。一定期間後にツールが自動的に取り消されたり削除されるような、一時的なアクセスを設定することもできます。承認されたツールのホワイトリストを制定し、認識あるいは認可されていないツールがシステムに追加されるのを自動的にブロックできるようにします。システム中のすべての USB、メディア、Thunderbolt、FireWire、コンソール、および外部ポートを物理的にロックすることを検討します。ロックを解除して使用するには、書面による承認が必要となるようにします。

城塞理論の思考訓練

あなたが貴重な資産を有する中世の城の支配者であるシナリオを考えてください。あなたの領地では、現場での織物の製造と修理に必要となる、独自の希少な糸を生産しています。糸はかなりの金額で販売されており、領地の収益を維持する収入源となっています。あなたは忍が城に侵入し、糸車の紡ぎ針に毒を仕込むことを計画しているという信頼できる脅威情報を受け取りましたが、忍側の標的や目的は不明です。

誰かが紡ぎ針で刺されるような脅威シナリオをモデル化します。次に、刺される可能性と影響を減らすための緩和策を開発します。たとえば針を鈍らせたり、紡績室で保護手袋を着用させたりすることができます。作業員が誤って針をどこかにぶつけたりかすめたりすることがないように、糸車の位置を変更することはできるで

しょうか？　城内で紡ぎ針を運ぶ際に、どのようなアクセス制御を設けることができますか？　また、新しく持ち込まれる針に関してどのようなサプライチェーン保護を実施できますか？　毒針が悪意のある目的に使用されるのを防ぐ方法は何通りほど思い浮かびますか？　労働者が針の代わりに使用できる、他の鋭利な道具とは何でしょうか？　それらの利用をやめさせる必要はあるでしょうか？　針なしでも作動するように、糸車を再設計することはできないでしょうか？

8.3　推奨されるセキュリティ管理策と緩和策

各推奨事項は、必要に応じて NIST 800-53 標準の該当するセキュリティ管理策とともに提示されており、ツールの概念を念頭に置いて評価する必要があります。

1. 環境内の不要なソフトウェアおよびシステム機能へのアクセスを無効化、削除、あるいは制限することにより、「最小機能の原則」を実施するための技術的能力を評価します。
   [CM-7：最小機能]

2. 各役割およびシステムに使用される機能、ツール、ソフトウェアの定期的なレビューを実施し、それらが必要かどうか、撤去または無効化できるかどうかを判断します。それらのツールを登録、追跡、および管理するシステムを確立します。
   [CM-7：最小機能｜（1）定期的なレビュー｜（3）登録要件への準拠]

3. ユーザーまたはシステムが利用できるすべてのツールを文書化し、ユーザーがそれらのツールを組織内での役割以外の目的に使用することを制限します。
   [CM-7：最小機能｜（2）プログラムの実行を阻止する]

4. ソフトウェア、アプリケーション、およびその他のツールのホワイトリストまたはブラックリスト（あるいはその両方）を実装します。
   [CM-7：最小機能｜（4）許可されていないソフトウェア / ブラックリスト化｜（5）許可されているソフトウェア / ホワイトリスト化]

5. ハードウェアとソフトウェアのツールに物理的境界およびネットワーク境界の制限を実装します。たとえば、機密性の高いツールは分離された管理ネットファイ

ルサーバーまたはポータブルなロック済みメディア機器に配置し、必要な場合にのみ JEA / JIT アクセス制御との組み合わせによってアクセスできるようにします。

[MA-3：メンテナンスツール｜（1）ツールを検査する｜（3）許可なく撤去されるのを防止する｜（4）ツールの使用制限／ SC-7：境界保護｜（13）セキュリティツール / メカニズム / 支援コンポーネントの分離]

6. インストールされているすべてのソフトウェアを評価し、安全が保証されたアプリケーションで使われているインポート、API、関数呼び出し、フックを判別します。悪質コード防御を用いて、これらの実装を使用するツールや、通常のソフトウェアで使用されないツールをブロックすることを検討します。業務に使用されない OS 機能、モジュール、コンポーネント、およびライブラリを制限、無効化、あるいは削除するオプションを検討します。

[SA-15：開発プロセス、標準、およびツール｜（5）攻撃の矢面を減らす／ SI-3：悪質コードからの保護｜（10）悪質コード分析]

8.4　おさらい

　この章ではツールの強力さと、それらを安全に保つことが重要である理由を学びました。「自給自足」型の攻撃と、システムを防御しやすく、かつ機能的なものにすることの複雑さについても学びました。あなたはツールとマルウェアの違いや、それらを識別できるようにツールをプログラムする方法について考え始めているかもしれません。紡ぎ針と毒の思考演習では、あなたが管理する環境へと侵入してくる敵を出し抜くことが求められました。

　次の章では忍の斥候が使用したさまざまな手法（嗅覚、視覚、聴覚）と、主にサイバー環境でさまざまな種類のデジタルセンサーを用いるにあたり、そうした手法から何を学べるかについて説明します。

第9章

センサー

第9章

第10章

第11章

第12章

第13章

第14章

第15章

第16章

第17章

昼夜を問わず、遠距離の監視を行う斥候を出すべし。
—— 万川集海　将知五　番所の作法六カ条の事より

しのびには　身の働きは　あらずとも　眼のきくを　専一とせよ
—— 義盛百首　第十一首
（忍は、高い身体能力がなくても、鋭い観察力が一番大事だということを
忘れてはならない。）

　万川集海では、門に警備員、見張り所に兵士を置く他に、道路や小道などの進入路に沿って密かに斥候を配置して城を守ることを勧めています。防御側の指揮官は、城の周囲に間隔を空けて斥候を配置することが望まれました。[1] そうした斥候は、次の3つの役割のいずれかを果たしていました。

- 嗅覚を用いる斥候（**嗅** —— かぎ）
- 聴覚を用いる斥候（**物聞** —— ものぎき）
- 外歩きの斥候（**外聞** —— とぎき）

　嗅覚および聴覚を用いる斥候は、訓練された犬とその調教師が務めていました。彼らは隠蔽された監視所に身を置き、侵入の兆候を鼻や耳で捉えることにひたすら集中していました。彼らは外を見ることができなかったものの、敵もまた彼らを発見できませんでした。嗅覚や聴覚を用いる斥候は活動に光を必要としなかったため、これらの手法は夜間において特に効果を発揮しました。[2]

　外歩きの斥候の役目は、侵入者を捕らえることです。彼らは敵陣の端を走査したり、敵地に潜んで自陣へと向かう動きを監視したり、ロープ罠や雑音、さらには物理的接触をも用いて侵入者を検知していました。万川集海では、**外聞**（とぎき）は隠密行動と観察に熟練しており、敵が攻撃してくる方向を直感的に理解でき、敵の忍をうまく発見して交戦できる者でなければならないため、外聞自身も忍であることが望ましいと述べられています。[3]

　万川集海では、人間（および動物）の斥候に加えて、能動的および受動的な検知手法を用いて敵の侵入を見極めることを推奨しています。能動的な検知方法として、忍は**猿火**（さるび）と呼ばれる火のついた縄[4]を降ろしたり振るったりすることで、固定された提灯では照らせないような暗所（堀や溝、城壁の底など）を遠距離から素早く、ダイナミックに照らす技能を有していました。また忍は、受動的な検知システムを構築していました。たとえば、広くて浅い溝に細かい砂を敷き詰め、その砂をかき混ぜて複雑な模様を作ります。敵が外部の防御を通過すると足跡が残り、城に侵入されたことが警備員に伝わります。また鋭い観察眼を持つ忍は、敵がやってきた方向や、敵が同じ道を通って去っていったかどうかを砂の上の足跡から見抜けるかもしれません。これらは差し迫った脅威を無力化し、将来の防御を強化するために役立つ貴重な情報です。[5]

　この章では、ネットワークで一般的に使用されているさまざまな種類のセキュリティセンサーについて、現代の導入方法と忍が歴史的に使用してきた方法を比較検証します。私たち自身のサイバーセキュリティ防御を強化するために、忍から学べるセンサー配置とセンサー対策の手法を紹介します。また、知覚に秀でた大昔の斥候をベースにしたセンサーを提案します。

9.1　センサーで脅威を識別し検知する

　サイバー用語としてのセンサーには、さまざまな検知システムや機器が含まれます。最も一般的なセンサーは、ネットワークタップやＴスプリット、SPAN 機能、あるいは

ミラーポートに接続するモニタリング機器で、観察、記録、および分析のためにアクティビティをコピーします。そうした構成の一例では、センサーはネットワークを通過する生のパケットを傍受してキャプチャし（PCAP）、それらを処理および分析することで、疑わしいイベントをセキュリティに警告します。また、センサーは「インライン」に配置することもできます。つまり単に危険信号を発するだけでなく、パケット情報の遅延やブロック、変更を行える機器にパケットを通過させることで、より効率的に攻撃を阻止できます。カメラなどの物理的なセキュリティセンサーが機密データセンターやサーバーラック、スイッチクローゼットへの接近を監視する一方、Wi-Fi センサーなどの二次センサーは、外部またはその他の不正な信号や接続を検知します。広義には、特定のソフトウェアエンドポイントエージェントもセンサーとして機能します（ホストシステム上のイベント、アクション、アクティビティを収集し、必要に応じて分析やアラートの生成を行えるように、C2（コマンドアンドコントロール）システムに報告します）。

　組織では多くの場合、特定のタイプのトラフィックに向けたセンサーを利用します。たとえばフィッシングやスパムに対する電子メールゲートウェイセキュリティ機器、ネットワーク攻撃に対する侵入防止／検知システム、不正な IP およびポートに対するファイアウォール、疑わしい Web サイトに対するプロキシ、データ損失防止システムなどが構成されます。センサーベースのサイバーセキュリティ機器は通常、ネットワークの主要な出口ポイント（一般的には DMZ）に設置されます。センサーは可能な限りネットワークから離れたところに配置し、確認できるトラフィックの量を最大化することが基本であるため、攻撃者はゲートウェイでセンサーから隠れるか、主要な出口を避けてネットワークにブリッジすることで、セキュリティセンサーの検査を受けずにネットワーク内で活動できるようになります。

　こうしたセキュリティ上の難点とは裏腹に、ほとんどの組織において、システム内のセンサーの数が大幅に増やされることはほぼありません。多数のセンサーを追加購入し、それらすべてのライセンスの取得、取り付け、更新、メンテナンス、および監視のために追加の作業を行うことは、経済的に非現実的であるためです。残念なことに多くの組織では、メインの出口センサーが脅威を捕捉していない場合、同じセンサーを複数使用しても効果は上がらないものと単純に想定されています。これは、システムを危険にさらす誤った判断です。

9.2　より優れたセンサー

　センサーに関する主な問題は、ほとんどの場合人がセンサーを監視し、伝達される情報に基づいて行動する必要があるということです。セキュリティセンサーや利用可能な分析プラットフォームに制限があると、この問題はさらに悪化します。最新のセキュリティセンサーを次のように考えてみましょう。建物の全体に多数の小さなマイクとカメラが配置されていますが、これらのカメラとマイクは（キャプチャ範囲を狭める）小さなストローの中に閉じ込められています。ここで、一度に１本ずつしかストローを覗き込めない状態で、アクティブな侵入工作の全容を捉えようと試みることを想像してみてください。それだけでなく、各ストローは保存、処理、分析するために何千時間分ものデータを蓄積しています。この苛立たしい状況は多くの場合、異常や悪意のあるアクティビティの識別に役立つツール（署名、アルゴリズム、機械学習など）によって緩和できます。しかしながら、これらの自動システムも完璧ではありません。しばしば誤検知が生じるうえに、正当なアラートであってもあまりに膨大な量になってしまうと、センサーがあっても無くても変わらないように感じられることもあります。これらの問題を解決するために、忍の先例に倣ってみましょう。敵が選択しそうな経路を特定し、その経路に沿ってさまざまな種類のセンサーを隠すことで、攻撃に対する早期警戒を行えるようになります。組織内のセンサーの改善を検討する際には、以下のガイダンスを考慮してください。

1. **ネットワークをモデル化し、弱点を特定します。**

   環境のネットワークマップと情報フローモデルを作成します。これにはすべてのシステムとその目的、システムの接続方法、情報がネットワークに出入りする場所、受信する情報の種類、（もしあれば）情報を検査するセンサー、および出口ポイントを記述します。センサーが不足しているエリアや、適切に監視されていると思われる場所を特定します。脅威アクターがネットワークへの侵入を試みそうな場所を予測します。包括的なマップの作成には数か月かかる場合があり、企業全体での支援が必要となる可能性もあることに注意してください。できあがるマップは完全ではないかもしれませんが、欠陥を含むマップでも、ないよりはましです。

2. **レッドチームテストと侵入テスト（ペネトレーションテスト）を実施します。**

   レッドチームと契約し、ネットワークへの侵入を試みてもらいます。ネットワークの防衛者（ブルーチーム）がレッドチームを同室でリアルタイムに観察し、演習

を一時停止して質問できる「パープルチーム」のアプローチも検討してみてください。攻撃前、攻撃中、攻撃後にセキュリティセンサーにクエリを行い、検知または報告されたものがあれば確認します。この情報は非常に啓発的なものであるはずです。ブルーチームには、各種センサーをどのように配置すればレッドチームをより速く、より正確に検知できたかを検討してもらいます。アーキテクチャの防御の変更やセンサーの調整などの、テストで示されたソリューションについて話し合います。

3. 暗号化されたトラフィックを検知してブロックします。

センサーによる傍受および検査が行えない暗号化トラフィックはすべてブロックします。また、適切な手段を講じて、不正な暗号化を使用しているマシンの機能を剥奪します。暗号化トラフィック攻撃を検知する能力をレッドチームにテストしてもらいます。ほとんどのセンサーは、暗号化されたトラフィックを検査できません。また多くの組織では、ルート証明書で解読できない楕円曲線ディフィー・ヘルマン（ECDH）などの非対称暗号化を許可しています。破られていない暗号化トラフィックがDLPを経ずに組織を離れることを許可すると、セキュリティギャップが生じます。例えるなら、城の警備員が門を出入りする素顔の人物を逐一精査しているのに、仮面をかぶっている人物には何のチェックも行わずに通行を許可してしまっているような状態です。

4. 「嗅」や「物聞」のようなセンサーを開発します。

特定の種類の脅威アクティビティを密かに検知できるセンサーを作成する機会を探ります。たとえば、システムの CPU アクティビティまたは電力消費を監視し、パフォーマンスが既知のコマンドやログイン済みユーザーのアクティビティと相関しているかどうかに基づいて、不正なアクセスや使用（暗号通貨マイニングなど）を検知できるような外部物理センサーを構成します。

5. パッシブセンサーを実装します。

絶対に使用することのないスイッチとサーバーに、パッシブインターフェースを確立します。インターフェースがアクティブ化された場合には、ネットワーク上に攻撃者が存在する可能性があるため、ローカルで検知し警告するようにセンサーを構成します。こうしたシステムは、忍が用いた「砂で満たされた浅い溝」によく似ており、ネットワーク機器の間での不正な水平移動（ラテラルムーブメント）を検知するように構築できます。

6. **外聞<ruby>（とぎき）</ruby>にあたるセンサーを取り付けます。**

　　侵入を検知するために、ネットワークの外部に内向きのセンサーを配置します。たとえば、ISPの協力を得てネットワーク境界の外側にセンサーを構成することで、他のセンサーでは検知できない可能性のあるインバウンドおよびアウトバウンドトラフィックを監視します。ホストベースのセンサーと連動する機器からすぐ離れた位置のTスプリットにセンサーを配置し、機器を互いに比較して、両方のセンサーが同じアクティビティを報告しているかどうかを測定します。このアプローチは、侵害されたエンドポイントセンサーとネットワークインターフェースドライバーを特定するのに役立ちます。

城塞理論の思考訓練

　あなたが貴重な資産を有する中世の城の支配者であるシナリオを考えてください。過去1週間のうちに城内で3度の放火事件が発生しましたが、火の番が待機していたため、炎は広がる前に消し止められました。放火犯はあなたのチームの対応を学んだうえで、新たな攻撃（火を伴わないものかもしれません）を実行しようとしている忍であると思われます。あなたが利用できるリソースはほとんどありませんが、火の番はよりよい対応のために人員と装備の追加を求めており、建築技師は城の一部を補強して耐火性を高めることを望んでおり、またセキュリティ責任者は侵入者を捕らえるために、門に警備員を追加することを要求しています。

　城内の放火犯やその他の不審なアクターを検知するために、どのようにしてセンサーを隠しますか？　火の番を単なる応答係ではなくセンサーとして利用することで、人数を減らしつつ応答時間および機能を改善することはできるでしょうか？　不審なアクティビティを最も効果的に検知して警告を伝えられるようにするには、センサーとなる人員をどこに、どのように配置すべきでしょうか？　城の内外を走査する警備員をどのように交代させますか？　また、警備員がいつどこを巡回しているかを攻撃者に特定されないようにするには、警備員の能力をどのように増強すればよいでしょうか？　放火犯を捕らえるために、どのようなパッシブセンサーを実装できますか？

9.3 推奨されるセキュリティ管理策と緩和策

各推奨事項は、必要に応じて NIST 800-53 標準の該当するセキュリティ管理策とともに提示されており、センサーの概念を念頭に置いて評価する必要があります。

1. パケットスニッファやフルネットワーク PCAP などの自動センサーを実装し、インシデント対応、メンテナンス、および情報フロー制御の実施をサポートします。
   [AC-4：情報フロー制御の実施｜（14）セキュリティまたはプライバシーポリシーフィルタの制約／ IR-4：インシデント対応／ MA-3：メンテナンスツール]

2. 物理アクセスを保護し、不正操作を検知するために、配線クローゼットのロックにセンサーを設置します。また、データセンターとサーバーへの接近を監視するカメラ、電子機器の脅威となる漏水を検知する水センサー、通信回線の盗聴センサーを設置します。
   [PE-4：伝送媒体に対するアクセス制御／ PE-6：物理アクセスのモニタリング／ PE-15：浸水による被害からの保護]

3. 担当者（IT 関係以外の担当者を含む）に向けた意識向上トレーニングプログラムを実施し、脅威アクティビティを検知する人間センサーの役割を担ってもらいます。従業員が疑わしい活動を報告するための、明確で利用しやすい手段を提供します。
   [PM-16：脅威意識向上のためのプログラム]

4. 暗号化された通信を傍受し、センサーが暗号化されていないパケットの詳細な検査を実行できるようにします。
   [AC-4：情報フロー制御の実施｜（4）暗号化された情報内容チェック／ SC-8：伝送される情報の機密性と完全性]

5. パケットを分析し、ブロッキングやフィルタリングなどの予防措置を講じることができるセンサーを実装します。
   [SC-5：サービス妨害からの保護／ SC-7：境界保護｜（10）不正な情報の引き出しを阻止する｜（17）プロトコルフォーマットの自動遵守]

6. 不正アクセスを得た攻撃者に機密情報が漏洩するのを防ぐために、非検知システムでの無差別なセンサーのアクティブ化を禁止します。
   [SC-42：センサー機能およびデータ]

7. ISP と協力して、ネットワーク境界の外側に TIC（信頼できるインターネット接続）

センサーを配置します。

[AC-17：リモートアクセス｜（3）管理されたアクセス制御ポイント]

8. システムに対するすべての内部接続とそのインターフェース、またそれらによって処理、保存、通信される情報、およびシステム間のセンサー配置を文書化します。

[CA-9：システムに対する内部接続]

9. 侵入テストとレッドチーム演習を実施し、センサーの配置と機能をテストおよび検証します。

[CA-8：侵入テスト／ RA-6：科学的情報収集対策に関する調査]

9.4　おさらい

この章では、大昔の日本で敵の忍を検知するために用いられた、嗅覚、聴覚、および外歩きを担うセンサー型の斥候について話しました。また、城の警備員が侵入者を捕らえるために配置していた、能動的および受動的なセンサーについても見ていきました。続いて、現在使用されているさまざまなタイプのセキュリティセンサー（防衛者が周囲の配線上で起こっていることを知るために役立つセンサー）について説明しました。センサーの配置や誤検知、管理など、センサーに関するいくつかのロジスティックな問題についても取り上げました。最後に、ネットワーク化されたシステムへの侵入者を見極めるために、大昔の忍の手法を適用する方法について話しました。

次は、忍が城の防御を回避するために使用していた、さまざまなタイプの橋と梯子について説明していきます。これらはセンサーと関連しており、ある程度重要な概念です。たとえば、あなたの城が堀で守られていて、すべてのセンサーを跳ね橋に配置してあると想像してください。敵の忍が跳ね橋を使うことなく、自ら密かに橋を設置できる場合、センサーはまんまと回避され、役に立たなくなります。こうしたブリッジングの概念がサイバーセキュリティにも同じように存在していることと、その対処の難しさについて探っていきます。

第 **10** 章

橋と梯子

とりわけ忍者の梯子を用いるならば、
どれほど高く険しい壁や堀をも越えることができるだろう。
—— 万川集海　陰忍二　器を用いる術十五カ条より

城門は通常最も厳重に警備されているが、
その屋根は掛け梯子を取り付けるのに最も便利な位置である。
—— 万川集海　陰忍二より [1]

忍は万川集海 [2] や軍法侍用集 [3] に記された**忍器**（にんき）と呼ばれる侵入道具を用いて、静かに人知れず、敵地の壁や門を越えて移動する術を有していました。鉤梯（かぎばしご）や雲梯（うんてい）、高梯（たかばしご）（道具を輸送するためのワイヤー）[4] といった多面的な梯子および携行可能な橋によって、忍は堀を越え、壁をよじ登り、他の忍に安全かつ秘密裏に道具を運ぶことを可能としていました。そうした梯子には「正規のもの」、つまり忍が任務に先立って作っていたものもあれば、「一時的なもの」、つまり現場で作成されたものもありました。[5]「ここには来られまい」と過信されて無防備になっていたことも多かった要所へのアクセスをもたらす便利なツールでした。

　巻物には、敵のセキュリティをさばいて敵陣に潜入する方法も書かれています。正忍記は忍に、鳥や魚が城に接近する方法を想像するように [6]——言い換えると、高所や低所にいることで得られる独自のメリットを理解するように教えています。たとえば壁をよじ登ると、他の壁や屋根を素早く橋渡しできるため、門を通過する場合よりも城内へのアクセスが容易になります。堀を泳いで渡れば、城内へと通じる共用の水路に水中からアクセスできるかもしれません。万川集海では、理論上最も多くの警備員が駐在しているであろう衛兵所の門にこそ、あえて橋を渡すことを推奨しています。防衛者は、攻撃者がそこからの侵入を試みることを避けると想定している可能性が高いためです。[7]

　この章では、ネットワークドメインにおけるブリッジングと、城壁の橋渡しとの類似点について説明します。ネットワークの設計におけるバリアやセグメント化も、城壁と同じように、すべてが管理下のゲートウェイを通過することが前提となっています。ブリッジは、脅威がこれらのゲートウェイを迂回することを可能にし、ゲートウェイの出口ポイントで確立されたセキュリティ管理策を回避します。城の堀に橋を架けている者に対処するよう警備員に指示すれば容易に対策できるように思えるかもしれませんが、たとえば城の建築家が、水の管理上の理由から同心円状の堀と堀を繋げることを選んだ場合、この対策は通用しなくなるでしょう。たとえ堀が三重になっていても、堀どうしが繋がっていればそれはもはや攻撃者が越えてゆくべき三つの境界ではなく、城の中心へとまっすぐ泳いで行くための水の橋になってしまいます。忍のような考え方を学んで障壁を「梯子をかけられるポイント」として見直すことは、自身のネットワークを再評価しブリッジングの危険をあらかじめ減らすのに役立つでしょう。

10.1　ネットワーク境界のブリッジング

　サイバーセキュリティの専門家にとっての**ブリッジ**とは、物理層とデータリンク層（OSI モデルの第 1 層と第 2 層）の両方で動作し、ネットワークの 2 つのセグメントを接続して単一の集約されたネットワークを形成する、仮想あるいは物理的なネットワーク機器です。また、この用語は情報がエアギャップやセグメンテーション境界といった「ギャップ」を越えられるようにするための機器、ツール、あるいは方法を指すこともあります。ブリッジは通常、セキュリティ管理策や保護機能をバイパスすることで、ネットワークからデータを流出させたり、不正なデータや悪意のあるデータをネットワーク

に持ち込むために使われます。こうした悲惨な結果を招く可能性から、サイバーセキュリティの専門家は、ブリッジングを防止するための検知および緩和策の開発を余儀なくされています。これには以下のようなものが含まれます。

- ワイヤレスイーサネットカードによるネットワークブリッジングの無効化
- 2 つ以上のアクティブなネットワークインターフェースを持つシステムの無効化
- ネットワークアクセスコントロール（NAC）の実装と、ネットワーク上の新しい機器を検知するための監視
- 不正な Wi-Fi アクセスポイントを検知するセンサーの設置
- VLAN 等のルーター技術を用いた特定のネットワークの制限
- リンク層検出プロトコル（LLDP）による認証の使用

セキュリティ管理策が進化を続けている一方で、不正なブリッジングは依然として発生しています。さらに、学術的または実験的環境でしか証明されていないものの、多大な被害をもたらす可能性が示されている高度な侵入手法も存在します。最新の例には、システム LED を制御して別の部屋や建物にある光受信機に向けてビットを点滅させるものや、FM 周波数信号を用いて近くの電話と通信するもの（AirHopper や GSMem の悪用と同様）、ファンを制御し振動させて音響を介したビット送信を行うもの、CPU を人為的に加熱および冷却してゆっくりとデータを送信するもの（BitWhisper の悪用と同様）などがあります。脅威アクターは EOP 技術（Ethernet over Power。POE ＝ Power over Ethernet と混同しないよう注意）を利用し、システムの電源コードを介してネットワークにブリッジを架けることもできるかもしれません。組織の VoIP 電話のマイクとスピーカーをリモートで起動することで、攻撃者が音声データを転送したり、会話を盗聴したりする場合もあります。

もちろん、こうした最先端のもの以外にもブリッジングの手法は存在します。攻撃者はオフィスビルの屋上に登り、アクセス可能なネットワークケーブルに接続し、ネットワークへの強固なブリッジアクセスを提供する小型の地上衛星ステーションを設置するかもしれません。スマートフォンはバッテリー充電のために日常的にシステムの USB ポートに接続されますが、充電中の電話はファイアウォールや DLP（データ損失防止）などのセキュリティツールで検査されていない外部の Cellular ネットワークにコンピューターを接続しうるため、組織の防御に対する完全なバイパスとなり、ホストネットワークでのデータの盗難やコードインジェクションを容易にする可能性があります。**スニー**

カーネット経由でブリッジングする場合には、ユーザーは情報をロードしたポータブルメディアを別のコンピューターまたはネットワークの場所へと運んで行き、手動でセキュリティ管理策をバイパスします。ルーターやファイアウォール等のセキュリティシステムのコンソールに直接接続できる秘密の管理ネットワーク（一般的には 10.0.0.0/8 ネット）を脅威アクターにジャンプポイントとして利用され、異なるネットワーク VLAN やセグメントにブリッジを架けられる懸念もあります。ネットワークを効果的に使用することで、そのネットワーク自体のセキュリティをバイパスするという手法です。さらに、スプリットトンネリングにもリスクが伴います。双方のネットワークに同時に接続された機器を介して、ネットワーク間での情報漏洩が生じる可能性があるためです。

　成熟した組織は、攻撃者が新しい、予期できない方法で防御を回避するために、さまざまなブリッジング技術を開発し続けているという前提の下で活動しています。実際に、電磁スペクトル内のあらゆるもの（音響、光、震動、磁気、熱、無線周波数を含む）が、ネットワークやエアギャップにブリッジを架ける実行可能な手段になりうるとされています。

10.2　ブリッジに対策する

　他のシステムに接続できるように設計されたシステム間でのブリッジングの防止は、解決が難しい問題です。完全な解決策はありませんが、ブリッジングの機会を減らし、最も重要な資産の隔離に主力を注ぐことは可能です。加えて、これらの防御の有効性を向上させるために、ブリッジング手法の効力を打ち消す対策を重ねることもできます。

1. **自身の弱点を特定します。**

   組織の機密データや重要データ、あるいは価値の高いデータを保持するネットワークと情報システムを特定します。データフロー図（DFD）を作成して、情報がシステム内でどのように保存され、移動しているのかをモデル化します。その後、隠れたチャネル外ブリッジ攻撃が発生する可能性のある領域を特定します。

2. **ブリッジ対策を実行します。**

   ファラデーケージやシールドガラスなどの TEMPEST[8] コントロールを実施して、エミッション等の信号を介したエアギャップブリッジングをブロックすることを

検討します。機器に対してネットワークや別の機器への接続を許可する前に、その機器の識別と認証が済んでいるかどうかを確認することで、不正なブリッジをブロックできるようにします。脅威モデルで特定された潜在的なブリッジングの脅威を軽減するための、適切な保護手段を開発します。

城塞理論の思考訓練

あなたが貴重な情報、宝物、そして人員を抱えた中世の城の支配者であるシナリオを考えてください。あなたは忍が門番に悟られることなく、特殊な吊り梯子や雲梯を利用し、城壁を越えて人や物を移動させているという信頼できる脅威情報を受け取りました。

城壁を再構成し、梯子や橋によって城壁を越えられるのを検知および防止する方法を検討してください。忍があなたの防御に対してブリッジングを試みる場所を予測できますか？ 警備員の監視プロトコルを変更して、一時的に架けられた橋を探させるにはどうすればよいでしょうか？ 自領の境界線が突破されていることを受けて、どのように対応しますか？ また、内部環境が変更されていて信頼できないという可能性を想定しながら活動していくために、どういった調整を行えますか？

10.3　推奨されるセキュリティ管理策と緩和策

各推奨事項は、必要に応じて NIST 800-53 標準の該当するセキュリティ管理策とともに提示されており、ブリッジの概念を念頭に置いて評価する必要があります。

1. 境界保護と情報フロー制御を実装し、外部の機器やシステム、ネットワークによってデータを盗まれたり、悪意のあるコードをネットワークに転送されたりすることを防ぎます。
   [AC-4：情報フロー制御の実施｜（21）情報フローの物理的 / 論理的な分離／ AC-19：携帯機器に対するアクセス制御／ AC-20：外部情報システムの使用｜（3）組織が所有していないシステム / 組織が所有していないコンポーネント / 組織が所有していないデバイス／ SC-7：境界保護]

2. ワイヤレスアクセス保護制御を実施し、マイクロ波や UHF/VHF、Bluetooth、802.11x などの周波数でネットワークにブリッジングしてくる不正なワイヤレス信号をブロックまたは検知します。
   [AC-18：ワイヤレスアクセス／ SC-40：ワイヤレスリンクの保護]

3. ネットワークへのアクセスと相互接続を監査し、ネットワークにブリッジングしてデータを送信してくる可能性のある外部ネットワークまたはシステム（リモートネットワークプリンターなど）を特定します。
   [CA-3：システムの相互接続／ CA-9：システムに対する内部接続]

4. 強固なポータブルメディアポリシーを確立して、不正なブリッジングを防止します。環境への接続を許可する前に、外部メディアや機器の識別と認証を要求するようにします。
   [IA-3：デバイスの識別および認証／ MP-1：媒体保護のポリシーおよび手順／ MP-2：媒体に対するアクセス／ MP-5：媒体の移動]

5. システムからの TEMPEST 漏洩またはその他のチャネル外信号をテストします。その結果を用いて、ブリッジとして使用される信号の機能を阻害する保護の実装箇所を決定します。
   [PE-19：情報漏洩／ SC-37：帯域外チャネル]

10.4 おさらい

この章では、敵対的ブリッジングの哲学について説明し、ネットワークセグメントのブリッジングと従来のベストプラクティスについて論じました。思いもよらない方法でギャップを越えることを可能にする、複数のブリッジング手法を見ていきました。この章の思考演習は、梯子と壁との間に物理的な保護装置を構築することについて考えるきっかけとなるように設計されています。理論的には、これらはシステムの入出力に関する最新の防御を導入するための基礎となるかもしれません。

次の章では、錠前と錠前破りの忍法について説明します。これらの忍法は、人が設計した錠前はすべて人の手で破ることができる、という信念に基づくものです。また、自身が信用できない錠前に頼らなければならない場合の、忍のセキュリティへの取り組みについても簡単に見ていきます。サイバーセキュリティにおける錠前、すなわちロックの適用について説明するとともに、ロックおよびピッキングへのアプローチを改善する方法を忍から学んでいきます。

第9章
第10章
第11章
第12章
第13章
第14章
第15章
第16章
第17章

第 9 章
第 10 章
第 11 章
第 12 章
第 13 章
第 14 章
第 15 章
第 16 章
第 17 章

第 11 章
ロック

開けられない南京錠は存在しない。ただし、すべては己の練度にかかっており、
常に実践練習を行う必要がある。
── 万川集海　陰忍四　諸鑠子を開ける極意二カ条より

開器は、敵の建物の扉を容易に開けられるように設計されている。したがって、
これはあらゆる技巧の中でも、最も敵に近いところで行われるもののひとつである。
── 万川集海　忍器三より [1]

　大昔の日本では、現代の錠前に使われているような複雑な部品（ピン、タンブラー等）を製造できる技術がなかったため、当時の錠前は今日の施錠機器よりも単純なものでした。しかしながら、そうした古い錠前はエレガントに設計されており、「突起、掛け金、そして重力と張力の自然な力」を模範的に利用して、人々の貴重品を侵入者や盗人から守っていました。[2]

　忍は任務の中でしばしば複雑な錠前に出くわし、そしてそのすべてを開ける方法を考案していました。巻物によれば、よくできた道具、十分な訓練と創意工夫、そして楽観的な考え方を備えた忍の前では、いかなる錠前や障壁、あるいはその他の仕掛けであろうとも安全を保てなかったといいます。3つの巻物のいずれにおいても、その重要部分

では錠前や扉、門を開くために使われたさまざまな調査道具（ピック、シム等）の作り方と使い方が集中的に文書化されています（図11-1）。[3]

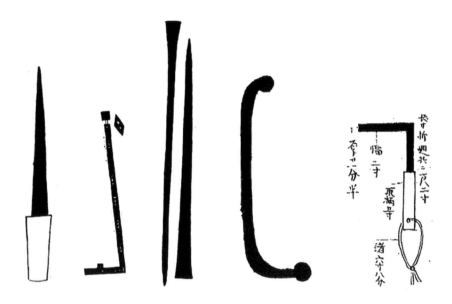

図11-1　錠前、扉、および門を開くために使われたさまざまな道具。
左から 探鉄、延鑰、鎖子抜、引出鎖子抜、枢鑰（万川集海および忍秘伝より）。

　輪掛け金や縄、尻差にフックや栓、精巧な掛け金から初歩的な自家製技術まで——錠前の設計がどのようなものであれ、忍にはそれを突破するためのメソッドと道具がありました。事実、忍は当時使用されていたあらゆるセキュリティシステムや妨害物を突破することができたといいます。[4] 忍は錠前が完全には信頼できないことを知っていたため、自らの手で安全を確保する技術を開発していました。中にはなんとも単純なものもあり、たとえば信頼できない錠前で守られた宿で眠る際には、忍は時として扉や窓と自らの髷を紐で結び、睡眠中に扉の掛け金や錠前が開けられた場合に目が覚めるようにしていました。[5]

　忍の時代と同じように、今日においても人々は自身の財産を守るためにロックを使用し、脅威アクターはロックを破るためにピッキングを行っています。例によって、ロックもまた複数の目的を果たすものです。抑止力として機能するだけでなく、所有者にとっては自分の財産の安全を示す目に見える保証でもあります。ロックが鍵を用いて破られた場合に、鍵の所有者に責任が生じるようなシステムを形作っているともいえます。盗

人はロックを突破するにあたって時間を費やし、また音を立てることになるため、障壁および警報としても機能します。この章では、今もなお忍と同じようにロックをピッキングし、セキュリティを突破しているハッカーたちの手口について説明します。さらに、電子システムにおいて物理ロックが非常に重要である理由について話し、付随して必要となる予防策について詳しく説明します。また、ロックとピッキングの技術的進歩を探り、セキュリティについて忍から学べることを見つけていきます。

11.1　物理的セキュリティ

　ピッキングの趣味がしばしばハッキングへの入り口となるように、ロックを破ることがサイバーセキュリティへの入り口になるケースも一般的です。安全であると思われているものの欠陥を見つけたり、物理的にアクセスしたりする行為は、時に強い感動（自分の手の中でロックの防御を破って解錠に成功した際の、視覚的、触覚的、聴覚的なフィードバック）をもたらします。それはセキュリティ分野への興味をかき立て、初歩的な能力に対する自信を育むものです。

　サイバーセキュリティ業界では、施錠機器を用いて建物やデータセンター、スイッチクローゼット、および個々のオフィスへの物理アクセスを制限します。[6] より詳細には、サーバーへのアクセスを制限するラックロック、システムの物理コンポーネントへのアクセスを制限するシャーシケースロック、USB やコンソールジャックの不正使用を防ぐ機器ポートロック、システムが正しい位置から離れることを防ぐテザリングロック、機器の電源がまったく入らないようにするパワーロックなどがあります。システムへの物理アクセスをロックすることは、組織のサイバーセキュリティ戦略において重要です。システムが物理的な改竄に弱い場合、いったん攻撃者が物理アクセスに成功すると、多くの電子セキュリティ管理策が無効化されてしまうリスクがあります。マシンに物理的にアクセスした攻撃者が、システムの管理者レベルの特権を得て、システムのデータを取得することも想定しなければなりません。

　違法なピッキングツールや手法が急増しているにもかかわらず、何年にもわたって同じロックを使い続け、攻撃に対してひどく脆弱になっている組織は少なくありません。たいていの情報システムや建物のアクセスロックには、Yale のシリンダー錠（1860 年代

に特許を取得。低コストで大量生産が容易なため、現在では世界で最も一般的なロック）や、最も一般的なタイプの自転車ロックであるチューブラ錠（「サークルロック」とも）などの脆弱なピンタンブラー錠が使用されています。犯罪者は、こうした既製のロックを容易に破ることができるピッキングツールを作成、販売、および使用しています。たとえば、空き缶から作ったシムでロックをこじ開けたり、ペンのキャップをチューブラ鍵の代わりにしたり、本物の鍵の写真をもとにプラスチックのキーを 3D プリントすることも容易です。未熟な犯罪者であっても、自動電子ロックピッカーがあれば、トリガーを引くだけであらゆるタンブラー錠のピンを数秒のうちにピッキングできてしまいます。

　ピッキングへの大規模な対策はほとんど存在しておらず、セキュリティよりも責任に関心が持たれる場合もあります。たとえば、住居侵入や盗難といった犯罪において破られたロックが劣ったもの（米国で販売されている最も一般的なロックなど）であった場合、特定の保険契約ではカバーされません。一部の政府は、ロックの製造業者に対してコンプライアンス基準を発するとともに、基準を満たさないロックを市民に販売することを禁止する規制を設けています。サイバーセキュリティの領域では、暗号ロックなどの高保証なロックと、ロックのセキュリティ上の欠陥を緩和する補足的なセキュリティ管理策を組み合わせることで、機密扱いのシステムやデータを保護している政府もあります。

　しかしながら、依然としてあまりに多くの扉やシステムが、脆弱なロックおよび鍵による防御を使用しています（少し手慣れた脅威アクターであれば容易に突破できてしまうでしょう）。シミングやピッキング、窃盗、複製、こじ開けといった一般的な攻撃を緩和するために、情報システムのロックや障壁を改良する必要があります。

11.2　ロックを改良する

　すべてのピッキングを防ぐことはおそらく不可能ですが、ロックの耐性を高めるために実行できる予防的なステップは数多く存在します。ロックの改良は、システムへの不正な物理アクセス攻撃を緩和し、サイバーセキュリティの状態を改善することにも繋がるでしょう。

● **ロックをアップグレードします。**

欧州のディンプルロックなどの高度なロックシステムを評価し、ビジネス要件と予算に見合うものを決定します。関係者および物理セキュリティチームの承認を求めてから、すべてのロックをより攻撃への耐性が高いモデルへとアップグレードします。

● **ロックの外側について考えます。**

自組織のロックについて、従来とは異なるソリューション——たとえば、多段階ロックを検討します。第1段階の解錠メカニズムが第2段階のロックへのアクセスを制御している場合、侵入者にとって両方のロックを一度に素早く解除したり、立て続けに解除することは容易ではありません。

一例として、互いに補完し合う2つの独立したロックシステムを用いて玄関を閉ざす場合を考えます。第1段階は4桁のPINを用いる電子ロックで、これを解除すると第2段階のロックであるシリンダー錠のピンの固定が一時的に解かれます。第2ロックによってピンが固定されている間は、ピッキングを行うことはできませんが、第1ロックによる有効化に備えて物理キーを挿入しておくことはできます。ピンの固定が解かれると物理キーを回せるようになり、玄関のロックを解除できます。ただしそのチャンスは3秒間のみであり、3秒が過ぎると電子ロックがリセットされ、ピンが再び固定されます。侵入を成功させるにはPINの情報と、ドアのロックを3秒以内にピッキングする能力が必要になりますが、これはおそらく人間には不可能な芸当です。

● **補強を加えます。**

ロックによって保護されているものを補強することを検討します。干渉されないように蝶番を保護したり、受板や扉／フレームの補強材、ドアハンドルシールド、フロアガードなどを取り付けます。

● **ロック業界に請願を行います。**

情報システムを守る製品を革新し、新しい設計を組み込むように、ロック業界に促します。旧式の製品をアップグレードするに足るだけの圧力が消費者から向けられない限り、製造業者は従来通りの脆弱な機器を販売し続けるでしょう。

第9章
第10章
第11章
第12章
第13章
第14章
第15章
第16章
第17章

城塞理論の思考訓練

　あなたが貴重な資産を有する中世の城の支配者であるシナリオを考えてください。あなたは自身の貴重品のすべてが錠前と鍵によって厳重に保管されていること（門の内側の扉の奥の、金庫室の金庫の中）と、忍がそれらすべての錠前を突破できることを知っています。

　城の錠前のセキュリティにどういった強化を施せますか？　錠前が開けられたり回避されたりした場合、そのことに気付けるでしょうか？　忍による錠前への接触を遮断するにはどうすればよいでしょうか？　忍を欺き、侵入の試みを察知するために、偽の錠前を設計することはできるでしょうか？

11.3　推奨されるセキュリティ管理策と緩和策

　各推奨事項は、必要に応じて NIST 800-53 標準の該当するセキュリティ管理策とともに提示されており、ロックの概念を念頭に置いて評価する必要があります。

1. 紙のファイルや磁気テープ、ハードドライブ、フラッシュドライブ、ディスクなどの物理メディアを、施錠できる容器に保管して管理します。
   [MP-4：媒体の保管／ MP-5：媒体の移動]
2. セキュリティキーなどの施錠機器を用いて、システムや環境への物理的なアクセス制御および承認を実施します。
   [PE-3：物理アクセス制御｜（1）情報システムに対するアクセス｜（2）施設 / 情報システムの境界｜（4）鍵のついている箱｜（5）改ざん防止／ PE-4：伝送媒体に対するアクセス制御／ PE-5：出力装置に対するアクセス制御]

11.4 おさらい

　この章では、ロックとその目的について説明しました。攻撃者は時代を問わず、ロックを突破するためのツールや手法を開発しているということに言及しました。システムへのアクセスを保護するために使用される一般的なロック技術と、それらをアップグレードしていくことの重要性について触れました。特に覚えておかなければならないのは、物理アクセスを得た攻撃者によってシステムを侵害されないように、ロックを用いてシステムへのアクセスを物理的に防ぐことが重要であるという点です。

　次の章では、目的地がきわめて厳重に封鎖されている場合に忍が用いていた、高度な戦術について説明します。これは敵対者をうまく欺き、鍵を渡すように仕向けるものです。ある意味では、組織の防御もそれほど違いはありません。たとえ最高のロックを有していても、侵入者に鍵を渡してしまっては何の役にも立たないのです。

第 **12** 章
水月の術

主君の同意を得た後、好餌をもって敵を誘い出し、敵の防御の内側へと侵入すべし。

── 万川集海　陽忍中　水月術三カ条より

この手法においては、海や川で釣りをするように、魅力的な餌で敵を誘惑し、
通常であれば外に出てこないはずの敵を防御から離れさせる必要がある。

── 万川集海　陽忍中より [1]

　万川集海に記されたオープン変装型の侵入手法のひとつに、さながら俳句のようなイメージをもって「**水月の術**」[2] と呼ばれているものがあります。この手法には多くの用途がありましたが、忍は主に、厳重に防備を固めた敵陣（人々の出入りや、接近さえも制限されているような場合）を標的とする際にこの術を使っていました。忍は陣地の防御を強引に通過するのではなく、標的を誘い出してうまく欺き、進入プロトコル（記章などの識別マーク、合言葉、コードワード、チャレンジレスポンスの合図など）を差し出させるように仕向けていました。

　他にもこの手法を用いることで、忍は陣地へと戻っていく標的を尾行したり、防衛者を番所から誘い出して抵抗を受けずに侵入したり、標的と直接対話し、欺瞞や攻撃的な手段によって侵入したりしていました。

　巻物では、標的が厳重な防御からどうしても離れようとしない場合には、指揮官に助力を求め、より高度な欺瞞を行うよう忍に教えています。[3] たとえば指揮官が部隊を不利な位置に移動させ、敵が攻撃してくるように誘うことで、敵の防御が手薄になり、忍が侵入できるだけの隙が生じるかもしれません。あるいは、戦い疲れた状態で戻ってきた敵を、忍が打ち倒してしまうこともできるでしょう。指揮官はさらに手の込んだ企てを行うことも可能です。たとえば、徹底的かつ長期にわたる城の包囲を開始するそぶりを見せます。続いて、忍が敵側の同盟である将軍の使者を装った兵士を送り込み、兵士は敵が城を離れて反撃に参加し、包囲を破るように説得します。策略の仕上げとして、忍側の指揮官が同盟の援軍になりすました小規模な戦力を送り込めば、標的を陣地から誘い出すと同時に、門を開けさせて忍が侵入するための機会を作ることができるでしょう。

　巻物によると、**水月の術**を用いて目的地への侵入を成功させた忍は、以下の考えを心に留めておく必要がありました。

- 平静を保つ。落ち着きのないそぶりを見せない
- 城内の人々を模倣する。
- コードワードや合言葉、チャレンジレスポンス、および記章の収集を優先して行う。
- できるだけ早く仲間に合図を送る。[4]

　この章では、こうした大昔の手法をサイバー脅威アクターがどのように展開しているのかを探り、一般的に使用されているソーシャルエンジニアリングの戦術と比較します。ネットワーク通信の信号が（コンピューターシステムは物理的に移動していないにもかかわらず）境界を出入りすることについての抽象的な考え方と、水月の手法やソーシャルエンジニアリング攻撃全般に対抗するための詳細な概念を紹介します。最後に、かつての日本において水月の術の標的にされた将軍たちが直面していたであろう難題を模した思考演習シナリオに挑みます。

12.1　ソーシャルエンジニアリング

　忍による水月の術の攻撃は、今日における**ソーシャルエンジニアリング攻撃**と非常に

よく似ています。これは標的となる人物の意思決定プロセスや認知バイアスを悪用して、機密情報を明らかにしたり、自滅的な行動をとったりするように操るものです。サイバーセキュリティの分野では、ソーシャルエンジニアリング戦術のほとんどは敵の領域内で活動している攻撃者によって用いられ、標的の信頼を悪用することを目的としています。典型的なソーシャルエンジニアリング攻撃の例は次の通りです。

フィッシング

攻撃者は受信者が危険なドキュメントを開いたり、悪意のあるハイパーリンクにアクセスするように説得する電子メールを送信します。その結果、マルウェア感染やランサムウェアの実行、情報窃盗などの攻撃が発生します。

プリテキスティング

攻撃者は標的を説得して機密情報を露呈させたり、悪意のあるアクションを実行させるように設計された架空のシナリオを、電話や電子メールを用いて展開します。

ベイティング

攻撃者は戦略に則って、悪意のあるポータブルメディア（USB ドライブなど）を物理的な場所に配置し、標的がそれを拾って内部システムに接続するように誘導することで、システム侵害のチャンスを作り出します。

　ソーシャルエンジニアリングによる人心の悪用は、常に技術的な管理策によって防御できるものではないため、特に困難なセキュリティ問題です。標的や被害者がソーシャルエンジニアリングの脅威に気付くにつれて、多くの組織が貴重な資産を保護するために、焦点を絞った技術的管理策、セキュリティプロトコル、およびユーザー教育に頼ることになります。従業員は機密情報やシステムを適切に処理および管理する方法について訓練を受け、セキュリティチームは未知または未承諾の訪問者の身元を確認する手順を文書化し、企業の敷地内における非従業員の物理的な護衛を要求します。レッドチームは他の演習に加えて内部フィッシングおよびテールゲーティング（共連れ）のテストを実施し、ソーシャルエンジニアリングの戦術に対する従業員の意識を測るとともに、抵抗感を植え付けます。管理者は悪意のあるドキュメントやハイパーリンクをブロックするための技術的管理策を実装し、DLP（データ損失防止）ソフトウェアを採用し、不正なシステム変更を防止し、未登録のシステムや外部メディアをブラックリストに登録し、

発信者番号通知を利用するようにします。

　これらはすべて適切で必要なセキュリティ対策ですが、人々の働き方は変化し続けています。また、ソーシャルエンジニアリング攻撃についての考え方は未だ発達不足であり、標的を防御の外に誘い出そうとする水月（型の攻撃）の防ぎ方を十分に検討するには至っていません。

　今日では、BYOD（Bring Your Own Device）ポリシーやフルタイムでのリモートワーク、マルチテナントクラウドなどによって、労働者と組織の形態はより柔軟になっています。しかしながら、それらは従来の強力な境界セキュリティアーキテクチャを弱体化させ、従業員を新たなソーシャルエンジニアリングの脅威にさらすものでもあります。たとえばほとんどの場合、ステートフルファイアウォールルールは外部（インターネット）通信がファイアウォールを通過して内部ホストに到達することを許可しません。その代わり、ファイアウォールは外部システムからの応答を内部ホストへと通すことを許可する前に、内部（イントラネット）システムが接触を開始することを要求します。したがって、内部ホストが組織の防御から物理的に離れることはなくとも、仮想的に（たとえば、悪意のある Web サイトにアクセスするなどして）防御から離れることで、応答する通信に脅威アクターを侵入させてしまう可能性があります。本質的には、これはデジタルなテールゲーティングであるといえます。

　従来のセキュリティアーキテクチャを直接侵害することに加えて、脅威アクターはいくつもの水月型の手法を用いることで、厳重に防備を固めた組織に侵入してくる可能性があります。以下のようなシナリオを検討してください。

- 攻撃者はセキュリティに守られた施設の内部で火災報知機を作動させ、従業員を一斉に退出させます。消防士が建物を調べている間に、攻撃者は従業員の人混みに溶け込んで、バッジや鍵、トークン、顔、指紋などを窃盗あるいは文書化します。従業員が仕事に戻りやすくするために、施設のバッジリーダーや改札口などの物理的なアクセス制御が一時的にオフにされるかもしれません。あるいは、人々が押し寄せることでセキュリティが追いつかなくなり、テールゲーティングが見過ごされるかもしれません。
- 攻撃者は移動販売車を利用して、セキュリティに守られた施設から従業員を誘い出します。次に、自身の非イニシエーターとしてのステータスを活用して、標的に対して交換型のソーシャルエンジニアリングを実行します。やがて信頼関係を築くと、標的を説得して、従来のソーシャルエンジニアリングのシナリオでは行

えなかったようなアクションを実行させます。

- 攻撃者は、ビジネス会議が行われている施設の向かいにあるカフェの Wi-Fi ネットワークを侵害することで、標的組織の従業員のクレデンシャルを盗みます。機器を持ってカフェに入った従業員は、組織の防御から離れ、無意識のうちに攻撃者が制御する環境にさらされることになります。
- 攻撃者は、標的となる人やシステム、およびデータに対して大規模な破壊的攻撃または妨害攻撃を行うことで、組織の本社よりも安全性が低く侵入しやすい、災害復旧用の業務拠点への移動を促します。

これらの攻撃は必ずしも攻撃者の最終目標を達成するものではありませんが、他の悪用と組み合わせることで悪意のある目的を完遂できてしまうような手段や情報をもたらす可能性があることに注意してください。

12.2　ソーシャルエンジニアリングに対する防御

たいていの組織では、ソーシャルエンジニアリングの意識トレーニングを実施し、社内担当者への定期的なフィッシングテストを行っています。この戦略はそうした攻撃に対する耐性を向上させるためのものですが、実際にはかなりの割合の人員が常に失敗しています。残念ながらほとんどの組織において、担当者はソーシャルエンジニアリングに対して脆弱なままなのです。こうした欺瞞から身を守るために必要となるツールを従業員に提供するには、さらに多くのことを行う必要があります。

1. **セーフガードを確立します。**

   ソーシャルエンジニアリングによる侵害のリスクを軽減するために、従業員向けの標準トラストフレームワークを実装します。環境内にある価値の高い標的を特定し、それらのシステム上の機密情報を適切に制御および処理するためのセキュリティプロトコル、ポリシー、手順を確立します（これらを時間とともにすべてのシステムへと拡張していきます）。組織内で訓練、意識調査、およびテスト演習を実施し、ソーシャルエンジニアリングに関する従業員の意識レベルを高めるとともに、関連するセキュリティ管理策を確認および改善するための反復的な脅威モ

第9章
第10章
第11章
第12章
第13章
第14章
第15章
第16章
第17章

デリングを行います。

2.「スローシンキング」を実施します。

Daniel Kahneman の著書『Thinking, Fast and Slow』[5] を配布し、その内容について セキュリティチームと話し合います。この本では、より高速で衝動的な「システム 1」と、より低速で論理的な「システム 2」という 2 つの思考システムについて述べられています。従業員を落ち着かせ、システム 2 を用いて思考させるソリューションを開発します。これにより、ソーシャルエンジニアリングにおいて最も頻繁に利用される認知バイアスやショートカットを回避することができます。以下のような例が考えられます。

- 外部からの通話を受信した従業員が、電話交換システムに接続する前に、発信者の電話番号の偶数桁を打ち込むことを要求するシステムを構成します。
- 従業員が外部からの電子メールの添付ファイルを開く前に、差出人のメールアドレスを逆さにして入力しなければならないようなメールクライアントを構成します。
- ホワイトリストに登録されていないURLにアクセスしようとするユーザーに対し、ブラウザが DNS クエリを実行する前に、ドメイン内の文字数を正しく入力することを要求します。

　これらの対策はいずれも業務の速度を低下させることになりますが、ソーシャルエンジニアリング攻撃の軽減に役立つものです。

城塞理論の思考訓練

　あなたが貴重な資産を有する中世の城の支配者であるシナリオを考えてください。あなたの城は包囲されており、人々を養い続けられるだけの食料があるかどうかはわかりません。味方の将軍からあなたに、特定の日時に城を取り巻く敵軍の注意を逸らすことができれば、食料などの物資を送ってくれるという旨の手紙が届きます。手紙では、包囲に対する反撃の計画を立てるために、近くにあるという将軍の野営地にあなたの副官を送ることが求められています。

手紙が敵の策略によって送られたものでないかどうかをどうやって判断します
か？　手紙の真正性を独自に検証できますか？　手紙が本物であると仮定して、攻
撃してきている軍隊をどうやって引き離しますか？　最後に、城内へと侵入される
のを防ぎながら物資を受け取るために、どういった予防策を講じますか？

12.3　推奨されるセキュリティ管理策と緩和策

各推奨事項は、必要に応じて NIST 800-53 標準の該当するセキュリティ管理策ととも
に提示されており、水月の概念を念頭に置いて評価する必要があります。

1. セキュリティシステムと管理策によって情報を保護できるのは確立された境界内
   に限られるため、セーフガードを実装し、情報やシステムが境界を越えてソーシャ
   ルエンジニアリング攻撃者の手に渡ることを防ぎます。
   [AC-3：アクセス制御の実施｜（9）送信管理／ PE-3：物理アクセス制御｜（2）施
   設 / 情報システムの境界／ SC-7：境界保護]
2. 情報フローを制御し、データが通常の保護境界を超えた場合でも、未許可の情報
   システム間を移動できないようにします。
   [AC4：情報フロー制御の実施／ PL-8：情報セキュリティアーキテクチャ／
   SC-8：伝送される情報の機密性と完全性]
3. すべての非ローカルの（つまり、ネットワーク経由の）システムメンテナンスにつ
   いて、承認プロトコルを確立し、強力な認証器と文書化されたポリシーを要求し、
   監視を実装します。
   [MA-4：非局所的なメンテナンス]
4. 管理された領域外でのデータの保護を確立し、許可された人だけがデータ処理活
   動を行えるように制限を設けます。
   [MP-5：媒体の移動｜（1）管理された領域外での保護]

12.4 おさらい

この章では、高度な忍術である水月の術について説明しました。水月の手法が近代化され、企業がその標的となるさまざまなシナリオを見ていきました。ソーシャルエンジニアリングがもたらす課題と、それがとりうるさまざまな形態について探りました。ソーシャルエンジニアリングに対処するために設計された既存のセキュリティ慣行を確認し、新たな防御の概念についても検討しました。そして忍の巻物から思考演習を取り上げ、私たちの信頼モデルがどれほど脆弱で、ソーシャルエンジニアリングからの保護がどれほど難しいかということを示しました。

次の章では、セキュリティにおいて最も興味深いトピックのひとつである内部脅威について説明します。忍の巻物では、いくつかのソーシャルエンジニアリング手法の助けを借りて、内通者に選ばれる可能性のある人物を特定する方法が詳細に教示されています。そして、現代のベストプラクティスに反する内部脅威を防ぐ方法が提案されています。

第 **13** 章

身虫の術

敵の中から身虫（みのむし）、または螫虫（ちっちゅう）（すなわち内部脅威）となる者を見出すべし。

身虫とは、敵方に仕えながらもこちら側のために働く忍者となる者を指す。したがって
その実行者はまさに、敵の腹を内側から食い破る、胃の中の虫のようなものである。
── 万川集海　陽忍上より [1]

　想像をかきたてられますが、万川集海では「身虫の術」（または「螫虫」）と呼ばれる変
装しない侵入技術について説明しています。これは忍に代わって仕事をしてもらう内通
者を敵の中から募る手法で、その採用には難しい判断を要しました。忍は適切な標的を
選択し、標的に接近する機会を作り出したうえで、標的が雇用主に対して思っているこ
と、個人の価値観、そして内に秘めた野心を慎重に分析しなければなりませんでした。[2]
巻物では、不適切な人物を**螫虫（身虫）**に採用しようとすれば忍の使命に深刻な害が及び
かねないため、候補者の選択には細心の注意を払う必要があると警告されています。
　採用の成功率を最大化するために、忍は身虫に適した8つの人物像を開発しています。[3]

- 過去の違反について現在の雇用主から不当または過度に罰せられ、その結果とし
て根深い恨みを抱えている人。

131

- 権力のある生まれ、または優れた能力に反して低い地位で雇用され、昇進を見送られ、自身が十分に活用されないことに憤慨している人々。

- 常に仕事を成功させ、雇用主に良い結果をもたらしているのに、名ばかりの肩書や些細なボーナス、あるいは不十分な昇給といった報酬しか受けられていない（または何も与えられていない）人々。彼らは自分の貢献が過小評価されており、もし他の雇用主に雇われていればもっと実り多いキャリアを得ていたかもしれないと思っています。さらに、「わが組織が愚かな決定を下すのは、実際に成果を上げた忠実な部下より、ごますりや出世主義者を指導者が重用するからだ」とも考えています。

- 賢く才能があるが上司との折り合い悪い労働者。彼らは非難を集めやすい傾向にあり、厄介者と見なされるため、雇用主に低い地位を与えられたり、退職強要の準備をされている場合が多く、一般的に居心地の悪さを感じています。

- ある分野の熟練者であるが、雇用主に忠誠宣誓や家族への義務といった境遇を利用され、低い地位に留められている人々。

- 個人のアイデンティティや家族の都合、あるいは信念と正反対の職務を担っており、自分の行う仕事を後悔するはめになっている人。

- 忠誠心や道徳的指針を欠いている、貪欲で共謀しやすい人々。

- 組織の「ブラックシープ（黒羊、black sheep：やっかい者）」である労働者。すなわち過去の悪行により評判が悪く、地位の低下に不満を感じている人々。

　身虫となる見込みのある人物を選んだ忍は、その候補者と知り合いになり、人間関係を築く計画を立てました。万川集海では、自身を裕福に見せてお金で標的の機嫌をとることや、友好的な軽口によって標的の好み、信念、ユーモアのセンスを見抜くこと、軽い冗談を用いて密かに標的の内心を悟ることを忍に教えています。標的の特徴が身虫の人物像に一致していた場合、忍は雇用主を裏切ることの見返りに富や承認、および秘めた野心を達成する手助けを約束することで（あるいはより直接的に、アルコールや性交によって）、そうした身虫の特性の利用を試みていました。[4]

　新たに身虫になった人物を利用する前、忍は身虫と（雇用主を）裏切る約束を立て、身虫の忠誠を保証する担保として資産を集め、合図などの運用セキュリティ（OPSEC）を確立しておくよう勧められていました。[5]

　この章では、内部脅威について確認していきます。不満を抱く労働者と、採用される

内部脅威とを比較対照します。また、組織が内部脅威に対処するために使用できる検知
および抑止のメソッドと、リスクのある従業員が内部脅威に転じることを積極的に防ぐ
ための新しく最適なアプローチ（忍の巻物からヒントを得たもの）についても触れます。
最後に、元従業員や現在の従業員が内部脅威になる可能性を想像し、彼らと交わしてき
たやり取りを調べることを求める思考演習を行います。

13.1　内部脅威

　内部脅威とは、従業員やユーザー等の内部リソースのうち、その行動が（意図的かど
うかにかかわらず）組織に害を及ぼしうる人物のことです。たとえば、フィッシングメー
ルを開いてワークステーションをマルウェアに感染させてしまう不運な従業員は、悪意
のある行動をとるつもりがあったわけではないので、無意識の内部脅威に分類されます。
一方、不満を抱く労働者が意図的に組織内にウイルスを放った場合は、それが個人的な
理由であれ攻撃者に代わってのことであれ、故意の内部脅威にあたります。内部脅威は
許可された正当なユーザーであり、認証を受け、特権を有し、情報システムとデータへ
のアクセスを得ているため、サイバーセキュリティにおいて最も緩和が難しい問題のひ
とつです。

　多くの組織では、内部脅威の早期検知を技術的管理策と脅威ハンティングに頼ってい
ます。行動ヒューリスティックのような技術的な検知手法は、潜在的な内部脅威を特定
するのに役立ちます。用心深いサイバー防衛者や脅威ハンターは、その人らしくない、
または不適切な行動をとっているユーザーを調べることができます。すべてのファイル
を外部のポータブルメディアにダウンロードする、自分の仕事と無関係な機密データや
専有データを検索する、週末や休日にログインして非優先な作業を実行する、アクセス
制限が明示されているハニーポットシステムやファイルにアクセスする、ハッカーのよ
うなツールをダウンロードして職務外のアクションの実行に用いる、といった行動がこ
こに含まれます。

　しかし、たとえ成熟した組織であっても、技術的管理策は堅実な防御戦略の一部にす
ぎません。不当な干渉に対して明らかに脆弱な従業員がいないかどうかを確認するため
に、雇用主は履歴書のチェック、犯罪や金銭面の経歴を含む身元の調査、および薬物使
用の検査を行うことができます。また人事部の機能も、潜在的な内部脅威を特定するう

第9章
第10章
第11章
第12章
第13章
第14章
第15章
第16章
第17章

えで重要な役割を果たします。組織の人事部は、潜在的な問題を特定するために毎年従業員調査を実施する場合もあれば、リスクのある従業員を積極的に解雇したり、厄介な調査結果に基づいて特定のアクセス権限の取り消しを推奨する場合もあります。残念ながら、最低限の予防策しか講じていない組織は珍しくありません。業務を円滑に進めるために、ほとんどの組織は従業員を信頼し、一部の組織は問題を無視し、さらに一部の組織は内部脅威のリスクを受け入れています。

　内部脅威とより積極的に戦う主体（国防産業や情報機関の組織など）は、最先端の技術的制御はもちろんのこと、ポリグラフや定期的なクリアランスチェック、防諜プログラム、区分化、厳しい法的罰則といった、高度な検知および防止策を実装しています。しかしながら、これらの制御をもってしても、あらゆる内部脅威による悪意のある行動（特に、高度な攻撃者によって後押しされた行動）の検知と防止を保証することはできません。また、個別の実装および運用における課題もあります。

13.2　内部脅威に対する新たなアプローチ

　組織が従業員を精査し、現行犯での捕捉を試みることに主眼を置いていると、脅威への対処に時間がかかりすぎてしまいます。より積極的なアプローチは、内部脅威が拡大する条件を生み出さないような職場環境を作り上げることです。以下の提案の一部は、内部脅威の典型のうち、特定のものに関する条件を是正できるように調整されています。

1. **検知および緩和のための手法を開発します。**
   組織の内部脅威を特定、および緩和するために使われている製品と技術的管理策を調べます。担当者のトレーニングと意識向上セッションを実施し、セキュリティインシデントレポートを確認し、フィッシングテストなどのレッドチーム演習を行って、意図せず内部脅威にあたる行動を繰り返している個人を特定します。その後、トレーニングや警告を行うとともに、そうした個人のアカウントやシステム、特権、およびアクセスに追加のセキュリティ管理策を実装することで脅威を緩和します。たとえば、セキュリティチームは厳格な管理策とポリシーによって、担当者が内部脅威となるアクションを行う能力や機会を制限することができます。以下はその例です。

- システムでマクロを有効化または実行できないようにポリシーを適用する。
- すべての電子メールのハイパーリンクを無効化し、プレーンテキストで受信されるように設定する。
- デフォルトで、外部からの電子メールの添付ファイルをすべて隔離する。
- Web ブラウジングを無効にするか、組織のイントラネットに接続されていない、隔離されたインターネットシステムを介してのみ利用できるようにする。
- 特定のシステムの USB ポートと外部メディアドライブを無効にする。

故意の内部脅威を監視するには、高度な検知手法と、偽装や秘匿を可能にする技術の両方が必要となります。組織の脅威モデリングとリスク評価を適切に行い、その結果に基づいてこれらを選択します。

2. **人事ベースの身虫対策ポリシーを実装します。**

前述の技術的管理策と検知手法を実装およびテストした後で、人的管理策に取り組みます。人事部は現在の従業員、過去の従業員、および候補者について、身虫のプロフィール指標を含む記録を確実に保存しておくようにします。それらの診断結果を得るために、候補者の審査、業績評価、および退職者面接の際に、核心を突く質問を行います。

3. **従業員から身虫が生じる環境を作らないように、特別の注意を払います。**

人事チームは、以下に示す組織全体のポリシー（8 種類の身虫の典型の順に提示されています）を検討する必要があります。

- 従業員の懲戒プロトコルを見直し、従業員に対する不当な、あるいは過度の処罰を（実際にそうすることも、そのように思われることも）防止します。従業員および志願者に、同じ組織で働いていたことのある家族がいるかどうかの開示を求めます。従業員が、自分に対する懲戒処分が不当あるいは過度であると考えていないかを人事部に判断してもらい、協力して従業員の反感を軽減する解決策を探ります。
- 従業員調査を定期的に配布して、気力を測定するとともに、下位の従業員の十分に活用されていない才能を特定します。従業員および経営陣との率直な面接を実施して、次のようなことを判断します。従業員は昇進の準備ができているか、最

近の実績で認識されていないものはないか、特定のスキルセットを成長させる必要があるかどうか。企業には彼らを昇進させるための新たな役職、または昇給を提示できる予算があるかどうか。また特定の従業員は、自分が同僚よりも優れている、もしくは価値があると理解しているのかどうか。そして、実態調査が必要かどうかも判断する必要があります。経営陣と協力して、従業員の不満を緩和する方法と、組織が実力を軽視しているという認識を修正する方法を検討します。

- 業績評価の一環として、同僚からのフィードバックを求め、部下に最も優秀であるとみなされている上司、および部下に適切な認識を持っていないと思われている上司を特定します。それらの不満には、報酬や、企業の指導者の決定に対する可視性をもって対処します。
- リーダーシップを奨励し、賢いものの社会性に欠ける労働者を個人的に指導してもらいます。彼らがどのように認識されているかを個別に知らせ、最終的にはそのような従業員がより周囲と打ち解け、孤立感を覚えなくなるように手助けすることを目指します。
- 優秀な人材の足を引っ張っている企業ポリシーを見直し、排除します。これには競合禁止契約、従業員の知的財産の不当な流用、不十分な業績ボーナスや残留手当などが含まれる場合があります。これらのポリシーは企業を保護するために設計されたものですが、逆の効果をもたらす可能性もあります。
- 現在の従業員および志願者についてオープンソースプロファイリングを実施し、彼らが組織理念について強い感情を表明したかどうか、あるいは利害の対立があるかどうかを判断します。もしそうであれば、そのような従業員の配置転換を行い、彼らが行う仕事と個人的な価値観との間により一致を感じられるようにするか、もしくは組織から離脱しやすいようにします。
- 人格プロファイリング手法を開発し、従業員および志願者について、贈収賄の影響を受けやすいことを示す指標がみられるかどうかを探ります。該当する従業員のシステムアクセスおよび特権のレベルを縮小して、攻撃者から見た彼らの有用性を抑えることを検討します。

身虫の条件に近く、リスクの高い従業員と密接に連絡をとります。彼らがどんな恨みを抱いていたとしてもそれを乗り越え、個人の成長の機会をつかみ、自尊心を育めるように、追加のリソース、時間、および動機を与えます。よからぬ記憶を強めたり、過去の悪行について従業員を罰し続けたりするような組織の行動を、最小限に抑えるか停止

します。

城塞理論の思考訓練

　あなたが貴重な情報、宝物、そして人員を抱えた中世の城の支配者であるシナリオを考えてください。あなたは忍が城内の誰かを採用し、彼らの信頼とあなたに対するアクセスを利用することを計画しているという、信頼できる脅威情報を受け取ります。また、採用される可能性が高い8つの異なるタイプの人々のリストを受け取ります。具体的に誰が狙われているのか、忍の目的が何であるのかは不明です。

　内部脅威として誰を最初に疑いますか？　その人が脆弱な状態にあるのはなぜですか？　また、その状況をどのように改善できますか？　住人が採用されるのを検知するか、採用担当者を現行犯で捕らえるにはどうすればよいでしょうか？　内部脅威行動を防ぐにあたって、どのように警備員を配置すればよいでしょうか？　住人どうしが互いに敵対することなく、内部脅威を報告できるようにするために、どのような訓練を行えますか？　この内部脅威プログラムをどれだけの期間維持しておく必要があるでしょうか？

　現在の職場でこの問題にグループ演習として取り組む際には、政治的な落とし穴を回避するために、元従業員のリストを作成、使用することを検討してください。少数の関係者グループと個別にこの演習を実施できる場合は、元従業員と現在の従業員の両方について検討してください。

13.3　推奨されるセキュリティ管理策と緩和策

　各推奨事項は、必要に応じて NIST 800-53 標準の該当するセキュリティ管理策とともに提示されており、採用型内部脅威の概念を念頭に置いて評価する必要があります。

1. SOC と人事部を連携させ、身虫の特徴を示す潜在的な内部脅威に関する情報を関連付けてもらいます。SOC はそうしたハイリスクな個人をより厳密に監視、監査、および制限する必要があります。また、人事部と協力して、内部脅威に一致する行動をとる従業員を識別するための内部脅威ハニーポット（たとえば、「制限付き開封厳禁」と示されたネットワーク共有内のファイル）を確立することもできます。
   [AC-2：アカウント管理｜（13）リスクの高い個人のアカウントを無効にする／AU-6：監査レビュー・監査分析・監査レポート｜（9）非技術的な情報との統合／SC-26：ハニーポット]

2. 自分のアカウントを使用して、組織に害を及ぼさないことがわかっているファイルおよびシステムに対して内部脅威アクション（レッドチーム機能なし）を実行します。アクションにはデータの変更や削除、偽データの挿入、およびデータの窃盗などが含まれます。自分のアカウントでアクセスできるシステムとデータを文書化してから、admin や root などの特権アカウントを使用して、悪意のある特権アクションを実行します。たとえば、実在しない従業員名を用いて新しい管理者ユーザーを作成することができます。あなたが特定の期間内に窃盗、削除、または変更したデータを SOC が検知できるかどうかを確かめ、あなたが実行した特権アクションを SOC が適切に監査できるかどうかをテストします。
   [AC-6：最小権限｜（9）特権的機能の使用のチェック／CA-2：セキュリティ評価｜（2）特殊な評価]

3. 従業員をトレーニングし、身虫の特徴と内部脅威のふるまいについて認識してもらいます。従業員がフィッシング詐欺を報告するのと同じような方法で、内部脅威の疑いがある潜在的な身虫の状態を容易に、かつ匿名で報告できるようにします。定期的なセキュリティトレーニングの一環として、内部脅威認識演習を実施します。
   [AT-2：セキュリティアウェアネストレーニング｜（2）内部不正]

13.4　おさらい

　この章では、標的組織内の脆弱な人々を採用して、悪意のあるアクションを実行する忍の手法について確認しました。内部脅威候補者の 8 つの人物像について詳しく説明し、内部脅威の検知および防止を行うプログラムについて、今日の組織で使用されているさまざまなタイプのものを検討しました。忍の巻物の情報に基づいて、不満を抱く従業員に共感を示す、新しい防御的アプローチについても述べました。この章の思考演習では、潜在的な内部脅威を評価するだけでなく、同僚に対する自分自身の行動についても評価することが求められています。これは潜在的な内部脅威に対して、より協力的なアプローチをとることを考えるよう参加者に促すものです。

　次の章では長期的な内通者——つまり、組織に加わる前に攻撃者によって採用されていた従業員について論じます。長期的な内通者は、組織に対する恨みや悪意を意図的に隠しているため、そうした人々を検知することはより困難になります。

第9章
第10章
第11章
第12章
第13章
第14章
第15章
第16章
第17章

第14章
桂男の術

── 日本の伝説によれば、月には木を育てている幽霊がおり、己を捜し出す方法を知る
者を月へと招くのだという。彼の木の葉を食した者は、姿が見えなくなるとされている。

必要が生じるより前、平時のうちに、敵中に潜んで内通者を務める秘密の使者となる者を
見出し、忍者として訓練し、敵の城や陣地、または家来の中に配置しておく必要がある。
これはちょうど、伝説上の幽霊である桂男が、常に月にいるようなものである。
── 万川集海　陽忍上より [1]

　万川集海には、数々の高度な侵入技術の一端として、「桂男の術」と呼ばれる長期的な
オープン変装型の戦術に関する記述があります。この戦術は、潜り込ませた密使を介し
て特権情報やアクセスを取得するためのものです。忍はまず、信頼でき、賢く、思慮深く、
勇気があり、忠実な人物を採用します。また、採用対象がもともと忠実でなかった場合、
任務の期間中彼らの家族を人質にとることで彼らを「忠実」にするよう提案されています。

　その後、忍は他の地方や城に密使を潜り込ませます。密使はそこで標的とともに真剣
に働き、何年もかけて自身の評判や人脈、知識、およびアクセスを築き上げます。密使
は敵の指導者と密接な立場で働いていることが理想的です。密使は忍と連絡をとるため

に、もっともらしく確実で明白な手段を常に維持しておく必要があります。その敵拠点が攻撃の標的となった場合、ハンドラーである忍は信頼性の高い情報や内部からの支援、妨害工作、および敵に対する攻撃行動（暗殺を含む）を密使に求めることができます。[2] 桂男の術は報われるまでに何年もかかる策略でしたが、忍耐強く抜かりない忍にとって、その報酬は時間を投資するだけの価値があるものでした。

　この章では、桂男を一種の内部脅威として見ていきます。ハードウェアインプラントについて考えることは、望遠鏡で桂男の発見を試みるようなものだと捉えるとよいでしょう。そのためインプラント、サプライチェーンのセキュリティ、および秘密のハードウェアバックドアといった話題について論じていきます。また、桂男となる潜入者の特徴を典型的なハードウェアインプラントと比較します。サプライチェーンのリスク管理と脅威ハンティング戦略について触れますが、根本的な問題として、この脅威を完全に防御することはほぼ不可能であることをお断りしておきます。

14.1　インプラント

　企業スパイや国家レベルの諜報活動は歴史的に、特定の長期任務を遂行するべく戦略的に配置されたエージェントに依存するものでした。今日ではテクノロジーによって、従来であれば人間にしか得られなかった成果を、より新しく安価な方法で得られるようになっています。たとえば、あなたの組織が数年前に外国製のルーターを購入してネットワークに設置し、それが完全に機能していると仮定します。しかし攻撃者は工場でインストールされた隠しインプラントを作動させるだけで、セキュリティチームに気付かれることなく、最も機密性の高いシステムやデータに直通の、フィルタリングされていないバックドアアクセスを得られるかもしれません。

　サイバーセキュリティ業界では、この種の攻撃を**サプライチェーン攻撃**に分類します。ここでの**サプライチェーン**とは、組織の業務活動またはシステムにて使う製品およびサービスを指し、ハードウェアやソフトウェア、クラウドポスティングなどが含まれます。前述の例では、ルーターはeコマースを行うためにネットワーク上でデジタル情報を移動させるという、必要な業務活動を実行しています。

　ヒューリスティクスや脅威ハンティングによってルーターの異常な動作を検知することはできますが、秘密のインプラントに対する確実な防御手段は存在しません。一部の

組織では品質保証担当者を使って製造を監視しているものの、すべてのシステムが正しく構築されていることを保証できるわけではありません。しかしながら、いくつかのサイバーセキュリティのベストプラクティスによって、ルーターを使ったサプライチェーン攻撃を緩和することは可能です。積極的な組織では以下のようなことが行われます。

1. すべてのルーターメーカーの脅威分析を実行し、その結果を用いて、危険なハードウェアやソフトウェアを搭載している可能性が低いルーターを取得する
2. （流通過程でルーターをインプラントされた物にすり替えるなど）悪意のある傍受を防ぐために、信頼できる安全な配送サービスを採用し、流通過程の管理認証を確保する
3. 納品時にルーターのフォレンジック検査を実施して、ルーターが侵害されていたり、期待された仕様から改変されていないことを確認する
4. 不正な改変を特定および軽減するために、タンパープロテクションと検知技術によってルーターを保護する

　これらの手順はルーターに限定されないことに注意してください。組織はサプライチェーン内のすべてのサービス、機器、システム、コンポーネント、およびソフトウェアアプリケーションについて、これらの予防措置を講じなければなりません。

　秘密のインプラントは、忍にとってそうであったように、現代の国家にとっても価値の高いものです。組織はインプラントを発見し防御するという、困難かつ長期的な課題を強いられるためです。そうした課題に対処するために、サイバーセキュリティの専門家は常に新しいコンセプトをテストしています。たとえば組織は、システムが既に侵害されているという前提で、すべてのシステムへの信頼とアクセスを制限することができます。ただしこれらのコンセプトの多くは、業務に多大な影響を及ぼすため、実際には不可能なものとなります。

14.2　インプラントからの保護

　組織がすべてのシステムに重量測定やX線撮影を行い、不適当なものを見つけようとすると、サプライチェーン管理の過程にのめり込みすぎてしまうでしょう。そのうえ、サプライチェーンへの侵害もできる高度な脅威アクターは、システムのデフォルト設計に悪意のある機能を組み込むかもしれません。この場合、**彼らだけが**インプラントを作動させる秘密の方法を知っている、そのようなインプラントがすべてのシステム内に存在することになります。また、組織の検査過程で脅威を発見できたとしても、見えているものの意味を理解できない場合もあります。このように、問題の範囲は広く、対処は困難であり、桂男の発見を試みるようなものです。とはいえ、そうしたインプラントから組織を保護するためのガイダンスには以下のようなものがあります。

1. **サプライチェーン攻撃の状態を特定します。**
   桂男の可能性があるサプライチェーンコンポーネントのリストを作成します。以下の特徴を持つ要素を含めます。

   - 信頼性が高いと見なされている
   - 通信を行える
   - 機密情報やシステムへの水平または直接のアクセスを提供できる
   - 検査されにくい
   - 定期的に交換または更新されない

   具体的には、ソフトウェアおよびハードウェアのうち、外部システムと通信するもの、または信号や通信機能を実行できるシステムを制御しているもの（ルーターのファームウェア、ネットワークインターフェースカード（NIC）、VPNコンセントレーターなど）を調べます。インプラントはハードウェア機器として存在することもあります。たとえば、PCIインターフェースのソケット内に配置された非常に薄い金属インターフェースがNICに対する中間者として機能し、ネットワーク通信のデータフローや完全性、機密性、可用性を変更する場合があります。
   環境内で、ウイルス対策やハイパーバイザー、脆弱性スキャナー、フォレンジックアナリストによって検査またはテストできないものを想像してください。桂男

の候補となるサプライチェーンの重要な特徴は、標的環境における持続力です。標的にされやすいコンポーネントは、頻繁に壊れたり摩耗したりしないもの、時間の経過とともに安価なバージョンに交換またはアップグレードされにくいもの、重要性からオフにされたり廃棄されたりしないもの、そして変更や更新が困難なもの（ファームウェア、BIOS、UEFI、MINIX など）です。こうしたサプライチェーンインプラントの自立性とステルス性の要件は、インプラントが何らかの形式のプロセッサ命令または実行にアクセスする間、検査やスキャン、およびその他の完全性テストを回避する必要があることを意味します。

2. **サプライチェーン保護を実装します。**

必要に応じて、サプライチェーンのセーフガードと保護を実装します。桂男の術によるサプライチェーン攻撃は、検知、防止、および緩和が最も困難なもののひとつです。したがって多くの組織は、そのリスクをただ受け入れるか、もしくは無視しています。最初の原則（セキュリティとビジネスの目的に関する原理）から始めて、組織が直面する脅威を評価するためのルーブリックとしてそれらの原理を使用すると役立つ場合があります。『A Contemporary Look at Saltzer and Schroeder's 1975 Design Principles』[3] などのコアセキュリティ文書を確認し、この脅威に対する適切な緩和策を決定します。また、問題をより高レベルな概念に抽象化し、理解を深めてから解決を試みることも有益です。次の城塞理論の思考訓練を検討してください。

城塞理論の思考訓練

　あなたが貴重な資産を有する中世の城の支配者であるシナリオを考えてください。あなたは雇用している書記官の中に敵の「桂男」、すなわち潜入者がいるという信頼できる脅威情報を受け取ります。この密使は過去10年をかけてあなたの書体、方言、および封印手法をコピーする術を学んでおり、すべての重要な連絡先の名前と住所を記憶しています。この潜入者はあなたの出す命令を変更する手段を有しており、たとえば常備軍に主要な防衛拠点から遠く離れるよう指示することも可能です。どの書記官が潜入者であるのか、また書記官が敵の忍からの指示によって既に活動を始めているのかどうかは不明です。書記官はあなたの国では希少な人材であり（獲得および訓練には費用と時間がかかります）、あなたの業務において欠かせない存在です。

　潜入者が活動を始める前と後の両方について、どの書記官が敵の潜入者であるかをどうやって見破りますか？　書記官が改変した命令をあなたの名前で送信することを防止できるセーフガードを検討してください。メッセージのなりすましを防ぐために、どのような認証プロトコルを実装できますか？　メッセージの改竄を防ぐために、どのような対策を講じて完全性を保護しますか？　あなたの名前で送信された虚偽のメッセージを否定するために、どのような否認防止管理策を利用できますか？　今後の書記官に敵の潜入者が入り込むことを防ぐにはどうすればよいでしょうか？　最後に、複数の書記官が敵の潜入者であるというシナリオの下で、これらすべての問題を検討してください。

14.3　推奨されるセキュリティ管理策と緩和策

　各推奨事項は、必要に応じて NIST 800-53 標準の該当するセキュリティ管理策ととも
に提示されており、桂男の概念を念頭に置いて評価する必要があります。

1. サプライチェーンコンポーネントの多様な集合を分離、セグメント化、および階
   層化して、サプライチェーンに異種性を導入することを検討します。サプライ
   チェーンの多様性は、コンポーネントの侵害によって生じうる影響を大幅に軽減
   します。
   [SC-29：異種性]

2. 組織の調達プロセスを分析し、サプライチェーン攻撃のリスクを軽減できる領域を特
   定します。ブラインド購入、信頼できる配送、特定の企業や国からの購入の制限、購入
   契約の文言の修正、取得時間のランダム化または最小化といった手法が利用できます。
   [SA-12：サプライチェーンの保護｜（1）調達戦略 / ツール / 方法]

3. セキュリティ以外の更新や、テストされていない新しいソフトウェア、ハードウェ
   ア、およびサービスの取得を可能な限り遅らせることを検討します。先進的な対
   策を実装して、組織を標的とする高度な脅威アクターの攻撃機会を制限します。
   [SA-12：サプライチェーンの保護｜（5）被害を抑える]

4. 改変や非正規要素を識別するために、同一のハードウェアやソフトウェア、コン
   ポーネント、サービスについて、異なるベンダーを通じて複数のインスタンスを
   購入または評価します。
   [SA-12：サプライチェーンの保護｜（10）本物であることと、改変されてないこ
   とを確認する／ SA-19：コンポーネントの真正性／ SI-7：ソフトウェア、ファー
   ムウェア、および情報の完全性｜（12）完全性検証]

5. サプライチェーン攻撃が疑われる信頼性の高いコンポーネントについて、秘密の
   通信を実行したり、データストリームを改変したりしていないことを確かめるた
   めに、独立した帯域外監視メカニズムと健全性テストをインストールします。
   [SI-4：情報システムのモニタリング｜（11）通信トラフィックを分析し、異常の
   有無を確認する｜（17）総合的な状況認識｜（18）トラフィックを分析し、情報の
   密かな取り出しを検知する]

第9章
第10章
第11章
第12章
第13章
第14章
第15章
第16章
第17章

14.4 おさらい

　この章では、信頼できる仲間を雇って組織内で働かせ、できるだけ役立つ地位に就かせる忍の手法を確認しました。この種の潜入者をハードウェアインプラントと比較し、ハードウェアインプラントに適した機器やシステムを決定づける理論について論じました。サプライチェーン攻撃と、それらを潜在的に検知する方法についても話しました。思考演習では、通信に関する特権的アクセスを有している書記官の中から、敵に侵されている者を発見する課題に挑戦しました。書記官はルーターやVPNなど、通信機に対して透過的である第3層の機器を表しており、そのような機器がいつ侵害されたかを判断することの難しさを強調しています。

　次の章では、忍や潜入者が捕らえられた場合に、忍が用いていたバックアップ計画について説明します。多くの場合、忍は秘密の任務を行うずっと前から偽の証拠を仕掛けておくことで、捕まった場合に責任を押し付けられるようにしていました。成功すると、この戦術によって被害者を欺き、味方が自分たちを裏切ったと信じさせることができ、この欺瞞自体が標的に害を及ぼすものとなります。

第9章

第10章

第11章

第12章

第13章

第14章

第15章

第16章

第17章

第 15 章

蛍火の術

蛍火の術は、標的の考え方に沿って欺瞞を構築できるよう、敵にまつわるあらゆること
を知り尽くした後にのみ行うべし。
── 万川集海　陽忍上　蛍火術三カ条の事より

目つけもの　又はしのびに　ゆく時は　書置をせよ　後の名のため
── 義盛百首　第五十四首
（監視活動や隠密活動を行う前に、将来の自分の評判のため、
メモを残しておく必要がある。）

　万川集海では、忍が用いた「**蛍火の術**」[1] と呼ばれるオープン変装型の侵入手法につい
て述べられています。この手法は、蛍が動いた後で暗闇に光が残り、それを見た者が虚
空を掴もうとする様から名付けられたのだろうと私は考えています。正忍記でも、同様
の手法が「**事を紛らかすの習い**」[2] として記述されています。忍はこの手法を用いて、敵
が忍の所属先や動機を誤解したり、攻撃に対して軽率な対応をしてさらに攻撃を受けた
りする等、敵の行動を（忍にとって）望ましい方向へ誘導するための物理的証拠を仕掛け
ていました。

　最も一般的な蛍火の術の手法は、誰かを罪に陥れるような内容や、敵についての誤解を導くような証拠を含む偽の手紙であり、これにはいくつかのバリエーションがありました。巻物には、「忍は捕まったり取り調べを受けた場合に見つかりやすいよう、手紙を襟に縫い付けている」とあります。[3] また忍は、意欲的であるものの適性のない人物を「忍者」として採用し、本当の計画とは真逆の内容が詳しく記された手紙を渡し、この不運な使者が確実に捕らえられることを承知のうえで、任務を与えて敵対者の環境へと送り込むこともありました。重要なのは、「忍者」自身がこの計画に気付いていないということです。「忍者」を取り調べた警備員は、価値の高い標的（敵の中で最も有能な指揮官など）が反逆的な陰謀に関与していることを示す、偽の手紙を発見します。「忍者」は拷問に屈することで手紙の信憑性を証明し、標的をさらに不利にするでしょう。[4] これらはすべて、敵を欺いて同士討ちさせたり、処分させたりするのに役立つ手法でした。

　さらに手の込んだ手法では、忍は任務に先立って、手紙に記された虚偽の筋書きを裏付ける証拠を注意深く仕掛けたうえで、誰かを陥れるような場所（敵の指揮官が信頼している側近の宿所など）に偽の手紙を置いていました。偽の手紙は、のちの保護手段となるものでした。もし捕まってしまった場合、忍は敵の目的を特定できるまで拷問に耐えてから、手紙に関する秘密の知識を明かします。その後、敵は手紙や関連する証拠を発見します。それによって信用を得た忍は、二重スパイになるか、または雇用主に関する秘密を共有するという約束と引き換えに、処刑を免れられるかもしれません。[5] この手法により、忍は自身の動機に関して敵を混乱させ、裏切りの可能性を懸念させ、本当の敵が誰であるのかについて疑問を抱かせていました。

　この章では、脅威を特定の攻撃者やソースに帰属させることに関連した課題を確認していきます。脅威分析や観察可能な証拠、および行動ベースの情報アセスメントを用いた帰属調査について学びます。またそれらの帰属メソッドを認識し、対策を講じてくる高度な攻撃者の問題についても論じます。防衛者が帰属を重視すればするほど、サイバー脅威アクターは手がかりの追跡をより難しく、よりハイリスクにしてくる可能性があるため、そうしたリスクの増大に対処する方法についても論じます。

15.1　帰属

　サイバーセキュリティの文脈における**帰属**とは、サイバー空間内のアクターを特定す

るために使用できる、観察可能な証拠のアセスメントを指します。証拠がとりうる形は数多く存在します。脅威アクターのふるまいやツール、手法、戦術、手順、能力、動機、機会、意図といった情報のすべてが、価値あるコンテキストをもたらし、セキュリティイベントへの対応を促進します。

たとえば、あなたの家の警報器が鳴り、窓が破られたことを示しているとします。あなたの対応は、あなたが有する帰属知識のレベルによって大幅に異なるでしょう。消防士が炎を消すためにあなたの家に入った場合と、強盗があなたの財産を盗むために押し入った場合、または逸れたゴルフボールが窓を突き破った場合とでは、引き起こされる反応は異なります。もちろん、帰属を達成することは必ずしも容易ではありません。盗人は手袋とマスクを着用することで、観察可能な証拠をある程度制御できます。彼らは消防士の服を着ることで身元を偽り、住宅の所有者を欺いて進入を黙認させることもできるかもしれません。盗人が活動中または活動後に犯罪の証拠を仕掛けたり、破壊したり、発生を避けたりすることで、のちの鑑識作業が妨げられる可能性もあります。真に高度な犯罪者は、なりすましの指紋パッドや盗んだ髪、血、衣類のサンプル、リアルな3D プリントマスク、あるいは不用心な人物から得た武器を用いて、別の犯人像を形作ることさえ可能かもしれません。濡れ衣を着せられた人物にアリバイがなかったり、犯罪の標的がその人物の動機と一致していた場合、当局がその人物を疑ったり逮捕したとしても無理はないでしょう。

サイバーセキュリティの専門家が直面する帰属の問題には、これ以上に多くの種類が存在します。サイバー環境に固有の匿名性は、帰属を特に困難にしています。サイバーセキュリティの専門家は、発信元のコンピューターおよび物理アドレスへの攻撃やイベントを追跡するという難しいタスクを実行してなお、人間の攻撃者の身元確認がきわめて困難であると判断せざるを得ない場合もあります。侵害されたマシンから脅威アクターの発信元を追跡しようとしても、たいていはトンネルや VPN、暗号化、あるいは意味のあるログや証拠を伴わないレンタルのインフラストラクチャに行き着きます。高度な脅威アクターは、海外のマシンを侵害してリモート接続し、それらを他のシステムに対する攻撃のためのプラットフォームとして用いる可能性もあります。攻撃者を検知した際には、すぐにブロックしたりアクセスを除去したりするのではなく、しばらくの間監視して攻撃者の目標を特定し、特徴を見極めることが有益となる場合もあります。[6]

場合によっては、脅威グループが誤った帰属を導くために、ツールなどの観察可能な要素を意図的に残していくこともあります。伝わっている範囲では、米国、ロシア、および北朝鮮がサイバーツール内のコードセグメントや文字列、インフラストラクチャ、

およびアーティファクトを改竄またはコピーし、誤帰属を引き起こしているとされます。[7] サイバーセキュリティの専門家が（とりわけステルスな）マルウェアを発見してリバースエンジニアリングしていると、時折マルウェアの記録内に特有の余分な文字列が観察されます。これらの文字列は見落とされたもの（オペレーターまたは開発者による活動上の誤り）かもしれませんが、同時に「蛍火の術」の一種——すなわち、発見されて（誤った）帰属に用いられるように設計された偽の証拠である可能性もあります。

　注意すべきは、欺瞞を可能にしているメカニズムが、同時に強力な識別手段をも提供しているということです。メモリダンプやディスクイメージ、レジストリ、キャッシュ、ネットワークキャプチャ、ログ、ネットフロー、ファイル分析、文字列、メタデータなどは、いずれもサイバー脅威アクターの特定に役立つものです。SIGINT（シギント：シグナル情報）やCYBINT（サイビント：サイバー情報）、OSINT（オシント：オープンソース情報）といったさまざまな情報分野も帰属の助けになります。またHUMINT（ヒューミント：人的情報）機能によって特定のソースからデータを収集し、処理および分析を行うと、サイバー攻撃を行った可能性のある人物を特定するのに役立ちます。これらの機能の存在を開示することは、システムを回避、拒否、または欺瞞する方法を標的に知らせ、有用な情報や脅威の帰属を生成する機能を妨げることに繋がるため、通常は秘密にされています。

15.2　帰属の処理へのアプローチ

　組織がシステムやネットワークを侵害してくる脅威アクターの身元や発信元を知ろうとするのは当然のことです。そうした脅威アクターの正体を明らかにするために、多くの人が逆ハッキングなどの行動をとりたがるのも無理のないことです。しかしながら、忍のような脅威アクターは常に、否認や欺瞞によって悪意のある行動を秘密裏に実行する方法を発見し、帰属を不確実にしています。加えて、歴史から教訓を得るならば、忍への帰属を行う必要がなくなったのは、日本が平和的な統治の下に統一され、忍そのものがいなくなってからのことです。近い将来において世界が団結に至る可能性は低いため、国家レベルのサイバー攻撃は続いていくものと考えられます。世界平和が実現するまでは、帰属に関する以下のようなアプローチが、進行中のサイバー紛争に関して自分にできることを特定するために役立つでしょう。

1. **認知バイアスを取り除きます。**

   自分自身の認知バイアスと、論理の欠陥について再考します。誰の思考にも穴はあるものですが、そうした穴に注意を払い、修正に取り組んでいくことは可能です。独自のケーススタディを構築します。正しくないと判明した過去の判断について確認し、犯したミスを特定し、分析能力を向上させる方法を検討します。この重要な作業は小さなステップで行うことも（ロジックパズルやクロスワード、頭の体操は認知機能を向上させるための優れた方法です）、大きな歩幅で行うことも可能です。既知の認知バイアスや論理的誤謬について論じている心理学の記事や本で勉強し、自分自身を乗り越えるために構造化された分析技術を学ぶことができます。[8]

2. **帰属機能を構築します。**

   組織での帰属調査のために利用できるデータソース、システム、知識、および管理策を調べます。未登録、未認証、あるいは未確認の脅威アクターが匿名でネットワークに接続して攻撃を仕掛けられるような、オープンで保護のない Wi-Fi が運用されていませんか？　スプーフィングされた IP を許可するルーターを扱っていませんか？　また、ネットワーク内からの匿名化された攻撃を防ぐために RPF（リバースパスフォワーディング）保護技術を使用していますか？　攻撃者が電子メールアドレスをスプーフィングして組織の ID を推測するのを防ぐために、送信者ポリシーフレームワークを正しく公開していますか？

   こうした構成変更の多くは、直接的なコストはかからないものの、広範囲にわたる変更を実装するための時間と労力（および機会費用）によって、管理を一時停止することになるかもしれません。ですが、店主があらかじめ優れたカメラと照明への投資を決定していたことで、店を破壊した不審者を正しく特定できる可能性について考えてみてください。しっかりとした記録、文書化、および証拠収集の実践を確立することで、帰属機能が向上し、技術的な責任が強化され、エンドユーザーはネットワークの脅威をよりよく把握できるようになります。

3. **……もしくは、帰属を諦めます。**

   組織の関係者と協力して、リスクを軽減するために必要な帰属の取り組みの範囲を決定します。脅威アクターを捕らえたり、反撃を仕掛けたりする能力を持つ組織にとっては、帰属は必要な取り組みです。しかしながらほとんどの組織にとっては、脅威アクターを捕らえたり攻撃したり、脅威アクターの身元を知ったり能力をマッピングしたりすることは不可能であるか、またはすべきでない取り組み

第9章
第10章
第11章
第12章
第13章
第14章
第15章
第16章
第17章

です。実のところ、特定の脅威アクターへの帰属は必ずしも必要ではありません。脅威を分析して防御するには、脅威を認識していれば十分なのです。

たとえば、ふたりの脅威アクターがあなたの組織の知的財産を狙っていると仮定します。ひとりはその情報を闇市場で売ってお金を稼ぐことを目的としており、もうひとりはその情報を自国の兵器システムの構築に利用することが目的です。実際には、これらは気にする必要のないことです。脅威アクターの目的が何であっても、組織が彼らをどこまで追跡できるとしても、結局のところ防衛者はセキュリティ上の欠陥が悪用される機会を制限または拒否しなければなりません。組織が脅威を回避するにあたって、必ずしも脅威アクターの動機を評価する必要はないわけです。

城塞理論の思考訓練

あなたが貴重な資産を有する中世の城の支配者であるシナリオを考えてください。城の警備員が、城壁の下にトンネルを掘っていた侵入者を現行犯で捕らえました。激しい尋問を受けた侵入者は、盗賊が物資を盗み出せるように、雇われて城の食料貯蔵庫へのトンネルを掘っていたのだと主張しました。しかし侵入者を取り調べていた警備員は、あなたが信頼する相談役のひとりと連絡を取る方法についての指示が記されたメモを発見しました。メモの内容によれば、この相談役はあなたの領民から食料を奪うことで、あなたの統治に対する反乱を促そうと計画しているようです。メッセージは本物であるように見えます。警備員は侵入者の身元も、誰のために働いているのかも特定できていません。

侵入者が何者なのか、どこから来たのか、動機は何なのか、そして誰のために働いているのかを判断するために、どのように帰属を行うべきかを検討してください。最終目的は食料を盗むことであるという侵入者の主張をどうやって検証しますか？たとえば目的が食料の毀損や、別の脅威アクターへの侵入ルートの提供、城の住人への攻撃、あるいは反乱の開始である場合と区別できるでしょうか？　敵の企みにおける相談役の役割を確かめるにはどうすればよいでしょうか？　侵入者の帰属シナリオに関するさらなる証拠が見つかった場合、どのような行動をとりますか？また、その真偽を証明できない場合にはどうしますか？

15.3　推奨されるセキュリティ管理策と緩和策

　各推奨事項は、必要に応じて NIST 800-53 標準の該当するセキュリティ管理策とともに提示されており、帰属の概念を念頭に置いて評価する必要があります。

1. アカウントをユーザー ID にマッピングします。生体認証、識別、論理的または物理的な証拠、あるいはアクセス制御を介して、ユーザーアカウントに関連付けられている個人の ID を確認します。

   [SA-12：サプライチェーンの保護｜（14）識別情報と追跡可能性]

2. 組織による脅威エージェントの帰属アセスメントの処理方法を定義する計画を作成します。

   [IR-8：インシデント対応計画]

3. 脅威アクターの特徴や、環境内でそれらを識別する方法、帰属のための証拠など、観察可能な情報を収集および共有する脅威認識プログラムを確立します。帰属を目的として、ハニーポットなどの特定の収集機能を使用します。

   [PM-16：脅威意識向上のためのプログラム／ SC-26：ハニーポット]

4. セキュリティおよび収集の管理策を適用します。脅威モデリングを実行して、脅威エージェントを特定します。

   [SA-8：セキュリティエンジニアリング原則]

15.4　おさらい

　この章では、忍が誤帰属を導くために用いていた手法である、蛍火の術について確認しました。サイバー脅威グループはより高度に進化し続けており、今はまだこうした手法を使用していなくても、今後活動のセキュリティ手順に組み込んでくる可能性があります。一部の脅威グループが既に誤帰属の手法を使用しているとみられることを指摘し、帰属処理のためのアプローチと、帰属分野の先行きがいかに暗いかということについて論じました。

　次の章では、忍が防衛者に尋問を受ける際に、もっともらしい否認を維持するために用いていた戦術について論じます。また、忍が敵の忍を捕らえる際に用いていた、高度な尋問手法およびツールについても論じます。

第 **16** 章

ライブキャプチャ

標的が実際に注意を怠っているのか、それとも忍者をおびき寄せて捕らえるべく策略を用いているのかを見極めるため、適切な判断を下すべし。
── 万川集海　陰忍一　惰気に入る術八カ条より

よまわりに　ふしんのものを　見付なば　ちりやくをまはし　いけどりにせよ
── 義盛百首　第七十四首
（夜間パトロール中に不審者を発見した場合は、
あらゆる手段を駆使して生け捕りにすること。）

　仕事を行う中で致命的な暴力にさらされるのは忍にとって日常的なことでしたが、万川集海では敵（特に、忍者の疑いがある者）をただちに殺めるのではなく、生きたまま捕らえることが推奨されています。捕らえた忍者を取り調べて尋問することで、忍は攻撃者が何をしたのか、または何をしようとしていたのかを明らかにし、侵入者の雇用主が誰であるのかを判断し、貴重な秘密やスパイ技術を学び取ることができます。これらは警備員が忍者からの攻撃を防ぐうえで大いに役立ち、領主が戦略的な脅威を理解する助けにもなります。加えて、入念な尋問の結果、捕らえた敵の正体が変装した同志である

ことが判明する可能性もあります。[1] 忍秘伝では、忍者と疑われる者の手足を縛り、紐に繋いでおくよう呼びかけています。また、棘のついた猿ぐつわなどの道具を用いて、捕虜が話すのを防ぐことを推奨しています。熟練した忍者は、味方に警告したり、自身を捕らえている者を説得して解放させようとしたり、自害するために舌を噛んだりする可能性があるためです。[2]

　巻物でも認められていますが、敵の忍者を生け捕りにするのは容易な仕事ではありません。万川集海に記された直接的な手法のひとつは、マスケット銃に古典的な催涙ガスの一種であるチリパウダー（を注入した綿球）または唐辛子スプレーを装填することです。これを近距離で発射することで、標的の目と鼻に衰弱性の刺激が生じ、捕獲しやすくなります。また巻物には、**伏屈**（ふしかまり）による待ち伏せや罠などの間接的な戦術も記されています。たとえば、万川集海の軍用秘記に記述のある**虎落**（もがり）と呼ばれる罠は、もともとは（その名の通り）虎を捕獲するために設計され、後に忍者を捕獲できるように改造されたものです。虎落の内部では、侵入者は障壁によって罠が隠された迷路へと誘い込まれます。味方は正しい道を知っていても、夜間に単独で侵入してくる忍者は道を知らないため、罠に陥りやすくなっていました。その他の罠のメソッドには、**釣塀**（つりべい）（くさびと偽の支柱で構築された張り板。本物の壁のように見える）を用いるものもありました。忍者がそうした偽の壁によじ登ろうとすると、壁が崩壊して忍者を驚かせ、おそらくはダメージを与えられるため、容易に捕らえることができます。[3]

　また万川集海では、捕獲されないための防御策や、伏屈の待ち伏せを検知して回避する方法も提案されています。忍は森や野原、谷、塹壕などの環境を偵察し、鳥や獣、さらには草に不自然な挙動がみられないかを調べるように勧められていました。それらはすべて罠の存在を示している可能性があるからです。ダミーや異臭も待ち伏せの可能性を明らかにするものです。[4] 敵の領域内では、忍は以下のような回避戦術を展開していました。

鶉隠れ（うずらがく）

地面でボールのように体を丸め、何も見ず、何事にも気付かず、無反応でいることに集中するため、敵に見つかりにくくなります。たとえ槍や剣を持った警備員に突かれても、忍は反応しなかったといいます。

狸退き（たぬきの）

自分よりも素早い追跡者に追われている際、走って逃げながらも「追いつかれる」ことを

決めます。追跡者との間隔が狭くなってきたら、不意に地面に伏せ、追跡者の腰に剣を向け、反応される前に突き刺します。

百雷銃
<small>ひゃくらいじゅう</small>

標的の近くに爆竹を配置し、それらを遅延型の導火線にセットするか、または味方に点火してもらうように手配します。爆竹の音によって、敵の追跡者の気を逸らすことができます。

狐隠れ
<small>きつねがくれ</small>

垂直方向の移動によって逃走します。敵の領域から逃げようとする際、忍はA地点からB地点へと移動するのではなく、背の高い木に登ったり、堀に隠れたりすることで、追跡を三次元的にしていました。標的を見上げたり見下ろしたりするという考えは浮かびにくいため、この戦術はしばしば敵を困惑させました。[5]

その他の脱出メソッドには、模倣を用いるもの（犬などの動物をまねることで追跡者を欺く）や、偽の会話を用いるもの（言葉によって敵を誤った選択に導き、忍が逃げる隙を生じさせる）などがありました。[6] たとえば、自身が追跡されていることに気付いた忍は、追跡者の声が聞こえていないふりをしながら、警備員に聞こえるように架空の味方にささやいていたかもしれません。仮に忍が「静かに領主の寝室に移動して、眠っている間に仕留めよう」と言っていた場合、警備員は領主の寝室に戦力を送る可能性が高いため、忍は別の方向へと逃げやすくなります。

もちろん、忍が捕まることを防ぐ最善の方法は、そもそも捜査員に侵入を疑われるような証拠を残さないことです。巻物でも、標的が敷地内の忍に気付く原因を作らないように、痕跡を残さず任務を遂行することの重要性が強調されています。巻物には密かに活動するためのガイダンスが多数含まれており、その文章は所々で巧妙かつ鮮やかです。義盛百首の第五十三首では、「雪ふりに　しのびにゆきし　事あらば　まづ足あと　用心をせよ」（雪が降っている時に忍として侵入を行う場合は、まず自身の足跡に注意しなければならない）と述べられています。[7]

残念ながら、多くの組織において、脅威を生け捕りにすることは必ずしも最優先事項にはなっていません。一部の組織は、システム上で脅威を検知すると、忍の巻物で推奨されている内容とは逆のことを行っています。つまり、ただちにマシンのプラグを抜き、すべてのデータを消去し、ドライブを再フォーマットして、新しいバージョンのOSを

インストールしているのです。この「消去して忘れる」という対応は確かに脅威を根絶できますが、同時に脅威を捕捉して調査したり、その目標や既に達成したこと、およびその方法を分析する機会をも消し去ることになります。

　この章では、サイバー脅威を「生きたまま」キャプチャしてやり取りすることの重要性について論じていきます。既存のフォレンジックおよびキャプチャのメソッドと、脅威アクターがそれらの回避を試みる方法について確認します。大昔の忍からヒントを得て、「虎の罠」と「蜂蜜の待ち伏せ」によってサイバー脅威を生け捕りにする方法を検討します。さらに、持続的脅威によって使用されてきた、忍の回避戦術（鶉隠れや狐隠れなど）の現代における実装についても触れます。最後に、忍の巻物にみられる捕獲と尋問のガイダンスの多くを取り扱います。これらは脅威を適切に制御して、味方への警告や自己破壊をさせないようにする方法についてのガイダンスです。

16.1　ライブ分析

　サイバーセキュリティでは、コンピューターのフォレンジックイメージング（鑑識撮像）によって必要な脅威情報がもたらされます。フォレンジックイメージは通常、セキュリティインシデント（マルウェア感染など）または使用違反（機器への児童ポルノのダウンロードなど）の後に作成され、イメージングは調査するシステム上のデータの完全性を損なうことなく証拠を保存できる方法で行われます。フォレンジックイメージから得られる証拠は、セキュリティの専門家が脅威の正体や、どのように脆弱性が悪用されたのかを知るうえで有用です。また、やがては署名やセーフガード、および予防的なブロック手段の開発に必要となる情報を提供できます。たとえば、攻撃者がある重要なシステム上の特定の知的財産を求めていたと判断されると、防衛者はそのシステムのデータを保護すべきであることがわかります。フォレンジックの結果、攻撃が成功しており機密データが侵害されていると判断された場合、組織はその知識を使用して戦略的なビジネス対応を決定することができます。脅威が攻撃に失敗していた場合には、組織は起こりうる追撃に備えることができます。フォレンジックによる指標は、脅威の原因が誰にあるのかを明らかにし、さらなる対応を要求することもあります。組織の戦略では、脅威の重大性を考慮に入れる必要があります。たとえば攻撃者が外国の政府なのか、不満を持った従業員なのか、あるいは悪名高く無害なハッキングを実行している子供なのか、

ということです。

　分析のために機器のデータを収集する方法には、**ライブキャプチャ**（**ライブ分析**また
は**ライブ取得**とも呼ばれます）および**イメージング**（**フォレンジックイメージング**または
ミラーリングとも）が含まれます。組織はハニーポットなどの欺瞞的な仮想環境を用い
てライブキャプチャを行い、攻撃者とやり取りすることもあります。このようなシステ
ムは多くの場合、ハッカーをおびき寄せたり、マルウェアにアクセスしやすくなるよう
に構成されています。脅威がシステムに侵入してくると、隠されたログと監視制御によっ
て、脅威が何をどのように実行しているのか、およびその他の監視対象が正確にキャプ
チャされます。残念ながら、多くの攻撃者はそうしたハニーポットを認識しており、情
報収集を目的とするシミュレート環境の中かどうかを判断するためのテストを実行して
います。疑いが確定した場合には、攻撃者は異なる行動をとったり、活動を中止したり
することで、セキュリティチームの取り組みを妨げるでしょう。NAC（ネットワークア
クセス制御）機器では、生の脅威を封じ込めるために、システムを感染した VLAN に動
的に切り替えることもできます。防衛者が応答している間、システムはオンラインであ
り「生きている」状態になります。

　フォレンジックは通常、ライブキャプチャでは実行されません。フォレンジック分析
者が検査するのはむしろ静的データや不活性データ、あるいはデッドデータ（特定の情
報や、脅威の固有の詳細が失われている可能性があるデータ）です。これはメモリ内に存
在するファイルレスマルウェア、または特定の悪意のある構成やアーティファクト（ルー
ティングテーブルキャッシュにあるものなど）でよく見られます。ライブ分析は、以下
のような理由から頻繁には実行されません。

- 特殊な技術要件
- 侵害されたシステムの切断、プラグの抜き取り、検疫、またはブロックを要求す
  る組織のポリシーをバイパスする必要がある
- ライブ分析を実施するために利用できる、物理的にオンサイトなフォレンジック
  リソースの不足
- 調査の間、重要なシステムに従業員がアクセスできなくなる

　おそらく最も重要なのは、もしライブ分析の処理を誤れば、脅威はシステム上のフォ
レンジックイメージング用ソフトウェアを認識して隠れたり、自己削除やフォレンジッ
ク対策の実行、あるいはシステムに対する破壊的な攻撃の実施などに移行するかもしれ

第9章
第10章
第11章
第12章
第13章
第14章
第15章
第16章
第17章

ないということでしょう。

　フォレンジックキャプチャ技術を回避するために、脅威は複数の段階に分けて展開されます。初期段階にあたる偵察では、脅威はキャプチャ技術の存在を探り、環境内で安全に動作できることが検証された場合にのみマルウェアやツールをロードします。こうした用心は、脅威アクターにとって欠かせないものです。キャプチャとフォレンジック分析が成功した場合、脅威のツールや手法は他の組織や防衛者と共有され、攻撃から学習されたり、対策パッチを当てられたり、対抗策を開発されることになります。法執行機関は、フォレンジックキャプチャ戦術を利用して脅威アクターを追跡したり、証拠を提供したりすることもあります。

　最近では、高度な脅威アクターは、標準的なフォレンジックイメージング、キャプチャ、および分析ツールが検査しない、または検査できないようなコンピューターおよびネットワーク領域へと水平移動しています。そうしたアクターの革新には、秘密の符号化ファイルシステムを作成できるハードドライブファームウェアをインストールすることや、BIOS ストレージにマルウェアを埋め込むこと、ローカルマイクロチップストレージを活用して通常の作業メモリの外部で活動すること、および特定のネットワーク機器（ルーターやスイッチ、スマートプリンターなど、従来のフォレンジックイメージングにおいて検査されていなかったり、実用的でなかった機器）の低レベルモジュールやコードを変更することなどが含まれます。特定の脅威は、もともと信頼されておりフォレンジック分析の対象になっていない大元のメーカーに侵入することで、コア OS や信頼されているセキュリティコンポーネントを模倣します。その他の脅威には、フォレンジックによって証拠となるものを削除し、頻繁にリセットされないシステム（ドメインコントローラーなど）のメモリに移動し、標的とするシステムのフォレンジック調査が終わるのを待ってから標的のもとへと戻ることで、調査をやり過ごしてしまうものもあります。

16.2　生きている脅威に向き合う

　フォレンジックイメージング用ツールを扱う訓練を受けた人物が不在の時に、組織がアクティブなセキュリティインシデントへの対処を迫られるのはよくあることです。隔離されたマシンが検査のためにその人物へと届けられるまでには数日かかることもあり、その頃にはもはや、攻撃は発生中の「生きている」脅威を表すものではなくなっています。

脅威と同等かそれ以上の速度で活動できないために、防衛者はフォレンジック管理者（脅威アクターが目的を達成した後で、証拠を収集して感染をクリーンアップする人）の役割に追いやられることになります。脅威を生きたまま捕らえて徹底的に調査するには、脅威に立ち向かうための機能、罠、および待ち伏せを積極的に確立する必要があります。

1. **フォレンジック機能を確立します。**

   コンピューターフォレンジックを実行するための機器、経験、認定、および承認を備えた専任チームの設立に取り組み、投資します。書き込みブロッカーやセキュアハードドライブなどの特殊なソフトウェアおよび機器を用いて、フォレンジックキットを作成します。キャプチャと分析に使用されるすべてのシステムに適切なフォレンジックエージェントが含まれており、チームがただちに識別、特定、隔離、および収集を実行できることを確認します。フォレンジックチームが影響を受けるシステムを識別して特定し、証拠を保存する過程に協力する方法を、すべての従業員が理解していることを確認します。最後にフォレンジック調査を行ってから1か月以上経過している場合は、フォレンジックチームとともに再訓練コースまたは演習を実施します。最も重要なことは、作成されたフォレンジックレポートを読んでセキュリティインシデントの根本的な原因を明らかにし、悪用された脆弱性を修正するための予防措置を講じることです。

2. **「蜂の待ち伏せ」を行います。**

   チームが脅威アクターを単純に追跡したり、ハニーポットで捕らえたりするだけではなく、必要に応じて待ち伏せを行えるようにします。脅威を積極的に罠にかけたり待ち伏せしたりするには、クラウドホストやISP、レジストラ、VPNサービスプロバイダー、IC3（インターネット犯罪苦情センター）、金融サービス、法執行機関、民間警備会社、および営利企業との緊密なパートナーシップが必要となります。脅威アクターに対抗するネットワーク領域を作成するという目標のもとにパートナーと協力することで、脅威アクターやグループ、あるいはキャンペーンを待ち伏せして、証拠やマルウェア、ツール、および悪用そのものをキャプチャできるようになります。

3. **「虎の罠」を仕掛けます。**

   ドメインコントローラーなど、ネットワーク内で標的となりそうな箇所に虎落の

ような罠を作成することを検討します。不正なアクションが実行された場合にトリガーされるハニーポット機能を備えた運用生産システムとして機能する製品には、市場機会が存在します。セキュリティ管理策を回避しようとする脅威アクターは一般的に、あるシステムから別のシステムへとピボットするか、またはシステムやネットワーク間を水平移動するため、他のネットワークへのルートに見せかけた偽の、もしくはブービートラップを仕掛けたジャンプボックスを確立することで、脅威を罠にかけられるかもしれません。そうした罠を展開して、不正なアクションが行われた際にシステムがフリーズしたり、ロックされたり、攻撃が隔離されるような環境を作成し、それによって防衛者が脅威の調査や、脅威とのやり取り、あるいはフォレンジックなライブキャプチャを行えるようにします。これを行うにはCPUクロックをフリーズさせるか、ハードドライブをバッファモードでのみ動作させるか、もしくはハイパーバイザーを用いてアクティビティを罠にかけ、ログに記録するなどの方法があります。システム管理者やその他のIT専門家が、罠に陥ることなく正当なパスをリモートで通過できるようにするためのトレーニングを提供します。

城塞理論の思考訓練

　あなたが貴重な資産を有する中世の城の支配者であるシナリオを考えてください。つい最近、城の警備員が忍者とおぼしき侵入者を捕らえたものの、すぐに殺害して遺体を燃やしてしまいました。警備員は、忍者がもたらした残留リスクを取り除くためにそのような措置を講じたのだといいます。侵入者を忍者であると考えた理由や、侵入者が持ち歩いていたもの、城内で行っていたこと、拠点への侵入に成功した方法を尋ねてみると、警備員はわからないと答えます。彼らは脅威を迅速に消し去り、被害を最小限に抑えたことに対する賞賛を期待しているようです。

　警備員が疑わしい侵入者を安全に捕らえるためのより良いプロトコル、手順、およびツールを確立するにはどうすればよいでしょうか？　侵入者が実際に忍者であったと仮定して、もし警備員が忍者を殺めていなければ、どのような尋問ができたでしょうか？　もし忍者の所持品が燃やされていなければ、その中から探すべきものは何でしょうか？　忍者はどうやって城内に侵入したと考えられますか？　ま

た、どうすればその疑いを確かめられますか？　忍者が死ぬ前に妨害工作を行った
り、罠を仕掛けたり、信号を送っていないかどうかを判断するために、どのように
城を捜索しますか？　忍者を発見した警備員に何を尋ねますか？　また、彼らの答
えを他の警備員の訓練に役立てることはできるでしょうか？　この調査からどう
いったことが学べると思いますか？　また、調査結果に基づいてどのような決定や
行動をとることができるでしょうか？

16.3　推奨されるセキュリティ管理策と緩和策

　各推奨事項は、必要に応じて NIST 800-53 標準の該当するセキュリティ管理策ととも
に提示されており、ライブキャプチャの概念を念頭に置いて評価する必要があります。

1. フォレンジック調査を実行する権限または能力がない場合には、組織内での外部
   システムおよびコンポーネントの使用を制限します。
   [AC-20：外部情報システムの使用｜（3）組織が所有していないシステム ― 使用
   制限]

2. 容易にアクセスできない外部センサーと SIEM を用いて自動メカニズムを実装し、
   ライブデータや PCAP、および syslog などのフォレンジック分析に必要なデータ
   を完全に収集します。
   [AU-2：監査イベント／ AU-5：監査ログ取得プロセス障害時の対応｜（2）リアル
   タイムの警告／ IR-4：インシデント対応｜（1）自動化されたインシデント対応プ
   ロセス／ SA-9：外部情報システムサービス｜（5）処理拠点、保管拠点、およびサー
   ビス拠点／ SC-7：境界保護｜（13）セキュリティツール / メカニズム / 支援コンポー
   ネントの分離]

3. 脅威への対策として非永続性を実装する場合（すべてのシステムを定期的に再イ
   メージングまたは再構築することで不正アクセスを撲滅するなどの方法がありま
   す）には、脅威の証拠を保持するために、再イメージングまたは破棄の前にフォ
   レンジックキャプチャを実行することを検討します。
   [AU-11：監査記録の保持｜（1）長期にわたって取得する機能／ MP-6：媒体の無

害化｜（8）リモートで情報を消去する／SI-14：非永続性

4. 組織内でベースラインシステム構成を実装、文書化、および実施することで、脅威によって改変された可能性のある情報をフォレンジック分析者がより容易に判断できるようにします。

   [CM-2：ベースライン構成｜（7）リスクの高い場所に持ち込まれるシステム、コンポーネント、または機器の設定／SC-34：変更できない実行可能プログラム]

5. セキュリティインシデントが発生した際の効果的な対応を促進するために、フォレンジック担当者にトレーニングと模擬演習を提供します。

   [IR-2：インシデント対応トレーニング｜（1）イベントのシミュレーション]

6. リアルタイムでのフォレンジック収集および調査を実施する能力と権限を備えた、フォレンジック分析チームを設立します。

   [IR-10：統合情報セキュリティ分析チーム]

7. セーフガードを用いて、フォレンジックシステム、ソフトウェア、およびハードウェアが改竄されていないことを確認します。

   [SA-12：サプライチェーンの保護｜（10）本物であることと、改変されてないことを確認する｜（14）識別情報と追跡可能性]

16.4　おさらい

　この章では、敵の忍を捕らえて尋問する忍の手法と、捕まることを回避するために用いられた戦術を確認しました。フォレンジックによって多くの証拠を収集することで、脅威アクターが調査員に偽のデータ要素をもたらす機会が増えていく仕組みや、生きている脅威とやり取りすることの利点について触れました。脅威を可視化するためのフォレンジック機能に関するベストプラクティスについて論じるとともに、待ち伏せや罠など、脅威と向き合うための高度な手法についても説明しました。

　次の章では、忍の武器の中でも最も破壊的な攻撃モードである、火を用いた攻撃について論じます。

第17章
火攻め

**第一に、火を放つことは容易である。第二に、敵が火を消すことは容易ではない。
そして第三に、こちらの味方が同時に城を攻撃すれば、要塞の人員は不足し、
敵はあらゆる優位を失うだろう。**
—— 万川集海　陽忍中　参差術三カ条より

敵の城　敵の陣所に　火をつけば　味方に時の　やくそくをせよ
—— 義盛百首　第八十三首
（敵の城や陣地に火をつける場合は、点火時刻をあらかじめ味方と
調整しておく必要がある。）

　城や要塞へと侵入した忍がとれる最も影響力の大きい行動のひとつは、火を放つこと
でした。放火箇所として理想的であったのは、火薬庫や材木、食料や物資の貯蔵庫、橋
の内部または周辺です。うまく放たれた火は人目につかないうちに素早く広がり、簡単
に封じ込めや消火ができず、城の保全や物資、および住人を脅かす緊急事態となりました。
城の防衛者たちは、炎を消すか、放火犯から攻撃の合図を受けた敵軍と戦うかの選択を
余儀なくされました。両方の問題に同時に対処しなければならない状況は、どちらかの
対処能力を低下させていました。消火にあたった人々が前進する兵士に容易に追い抜か

れる一方で、火を無視して武器を取った人々も、どれだけ善戦しても最終的には戦いに敗れていたといいます。[1]

　巻物では、火攻めを実行するために用いられたさまざまな道具や戦術、スキル等について詳細に語られています。忍は攻撃の前に城の住人を調査し、住人が眠っている時刻、または重要な場所が守られていない時刻を特定してから、他の侵入者と協力してタイミングを調整していました。また忍はこれらの攻撃のために、火矢、火を隠して運ぶ筒、地雷、爆弾、投げられる松明など、多数のカスタムツールを設計しました。[2] 視覚的に最もダイナミックな武器のひとつは、鞍に特別な松明を結ばれた「熱馬」と呼ばれる馬です。要塞の中に放たれて暴走し、無秩序に火を広げて警備員や住人の注意を逸らす熱馬は、封じ込めが困難でした。混乱の最中に、忍は城外に隠れた部隊と連絡を取り合い、火が十分に広がってから攻撃の合図を送っていました。[3]

　中世の軍隊には遠距離から火攻めを開始する手段がありましたが（たとえば、火矢を射る弓兵を配置するなど）、万川集海では指揮官に、忍を用いて火を放つことを勧めています。外部からの火攻めと比較すると、忍が放つ火はすぐには発見および消火されにくいためです。また忍であれば、燃えやすいものや戦略的価値の高いアイテムの近くに火を放ったり、その火が十分に大きくなるまで煽ることもできます。[4]

　その有効性から、火攻めは封建時代の日本の各地で行われ、多くの城で重点的な対策が実施されるようになりました。これには**土蔵造り**（壁土による防火）または耐火塗料による要塞の防火 [5]、防火または耐火材料（粘土や岩など）を用いた建築、耐火瓦の使用、火災監視チームの設立、重要でない建物（つまり、重要施設への延焼を防ぐために犠牲にしてよい建物）の指定による防火帯の作成などが含まれます。[6] また警備員は、火災が窃盗や攻撃などの行動を容易にするための意図的な陽動である可能性にも注意する必要がありました [7]（このアドバイスは後の軍法侍用集にも反映されています [8]）。

　忘れてはならないのは、忍はライターなど持っておらず、また防衛者は常に放火犯を見張っていたということです（こうした条件は、あらゆる場所でウイルス対策と脅威の検知を維持している現代の組織と同様です）。忍は密かに火を放ち、その火を武器とし、燃えやすい標的を利用するための巧妙なメソッドを開発していました。サイバー攻撃がどのように送り込まれ、武器にされるのかを想像する際には、忍による火攻めの工夫を念頭に置くようにしてください。

　この章では、サイバー戦争の文脈において、忍による火攻めが現代のハイブリッド戦術と驚くほど似ていることを確認していきます。火は触れたものすべてに広がっていく

ことから、ワーム化できる／自己増殖型サイバー攻撃の優れた例えとなります。破壊的なサイバー攻撃の例とともに、現代の攻撃者がどのように時間を計り、攻撃を調整しているのかを確認します。組織がサイバー攻撃を防ぎ、緩和し、封じ込め、回復するために用いるさまざまな防御について触れます。この章で学ぶ内容は、ファイアウォールだけでなく、より高度な新しいネットワーク防御戦略にも適用できます。

17.1　破壊的サイバー攻撃

　コンピューターが相互に接続し通信できるようになって間もなく、自己増殖型のウイルスとワームが生まれました。破壊的な攻撃は、時間が経つにつれてますます増加しています。現在では、ある組織のネットワークに対する破壊的な攻撃が火事のように急速に広がり、インターネット全体のシステムやデータを破壊する可能性があります。サイバー空間におけるシステムの相互接続性の高まりと、内在するセキュリティ上の欠陥を考慮すると、パッチ等のセーフガードを備えずにインターネットに接続されたネットワークやマシンは、基本的に壊されるべくして壊されていると言わざるを得ません。

　2000年代初頭、業界で最初のランサムウェア攻撃が確認されました。この攻撃では、マルウェアは標的が支払いを行うまで、システムまたはネットワークのデータを暗号化してしまいます（また、バックアップを削除します）。これらのウイルスはシステムからネットワークストレージ、クラウドへと急速に広がり、データを人質にとったり、支払いが行われない場合には暗号化によってデータを破壊したりします。ランサムウェアは忍による火攻めと同じく、より大きな企てから注意を逸らす目的で用いられることも少なくありません。たとえば、ある攻撃者（北朝鮮人と考えられています）がFEIBへのHermesランサムウェア攻撃を展開してサイバー防衛者の注意を逸らしている間に、別の攻撃者がSWIFTへの金融攻撃を実行し、数百万ドルの利益を得た例があります。[9]

　次に発生したのはワイパー型のマルウェア攻撃です。この攻撃では、攻撃者は複数のシステムに「時限爆弾」ウイルスを仕掛け、ウイルスは指定された適切なタイミングですべてのシステムデータを削除し、バックアップを消去します。例のひとつはイランの脅威アクターがサウジアラビアに対して実行したと考えられているShamoonウイルスで、休暇が始まる週末に始動し、データを破壊して工業用石油のシステムを無効化しました。[10]

　最近では、攻撃者は工業用の制御システムに対する妨害マルウェアを展開しており、それによってセンサーを読み取ったり、機械スイッチやソレノイドなどの物理アクチュエータを制御することで高炉[11]や電力網[12]、防空システム[13]、および核遠心分離機[14]の操作を得ようとしています。これらの重要なシステムが攻撃によって無効化されたり誤動作したりすることは、爆発などの物理的破壊や、同時多発的な物理攻撃に繋がる可能性があります。

　攻撃の拡大を防ぐために行える管理上の取り組みのひとつは、システムを強化することで攻撃対象領域を狭め、システムが攻撃を受けた際に精密なセキュリティ管理策によって被害を抑制できるようにすることです。また、サイバー攻撃によってプライマリシステムが侵害された場合に組織がフォールバックを行えるように、システムやデータの複数のバックアップを異なる場所やネットワークに用意しておき、復元力を保つことも有効です。（アナログまたは手動のシステムによってバックアップをとる場合もあります。）

　より技術的な防御ソリューションとしては、ネットワーク境界にファイアウォールを配置することが挙げられます。ただし、攻撃者がファイアウォールを回避してネットワークに侵入し、自己増殖型の破壊的攻撃を開始した場合には、ファイアウォールは攻撃をネットワークの外に出してしまう可能性があります。言い換えると、一般的なファイアウォールは出ていく攻撃ではなく、入ってくる攻撃を阻止するように設計されているということです。破壊的攻撃を検知して阻止するための取り組みには、他にウイルス対策ソフトウェア、IPS（侵入防止システム）、HIDS（ホスト侵入検知システム）、GPO（グループポリシーオブジェクト）などが含まれます。こうした技術的な保護手段は、破壊的攻撃を即座に識別して対応、無力化できる可能性がありますが、一般的にはシグネチャベースであるため、常に効果があるとは限りません。

　より新しいアプローチにはサイバー保険があり、これは侵害による法的および経済的影響から組織を保護する契約です。このような保険契約は、サイバー攻撃を受けた場合に組織の不利益を軽減してくれる可能性がありますが、火災保険によって炎を防御できるわけではないのと同じように、攻撃自体を防げるものではありません。

　おそらく、破壊的攻撃を防ぐためのベストな選択のひとつは、ネットワークの隔離と分離（エアギャップ）を厳格化してリソースへのアクセスを制限し、自己増殖するウイルスの拡散を防止することです。これはサイバー攻撃を阻止するための非常に効果的な方法ですが、業務機能にも多大な影響を及ぼす可能性があるため、常に実行可能であるとは限りません。また、スニーカーネットや内部脅威によって回避される可能性もあります。

17.2　（サイバー）放火攻撃に対する保護手段

　組織が火災保険に加入しつつ、火災の防止や抑制のための計画を追求することは一般的です。しかしながら、何らかの理由により、サイバー攻撃に対する保護手段を実装することなくサイバー保険に加入している組織もあります。サイバー攻撃によるリスクと、財産や人命が危機に瀕することもある実際の火災のリスクとでは、レベルが異なるものと考えられているのかもしれません。とはいえ、IoT（モノのインターネット）が発展し、物理世界とサイバースペースの融合が進んでいくにつれて、サイバー攻撃のリスクは増大していく一方です。以下のような防御策を講じることは、組織にとって非常に役立つ場合があります。

1. **サイバー火災訓練を実施します。**

   破壊的攻撃をシミュレートして、データやシステムをタイムリーに「避難」させる能力や、バックアップ、フェイルオーバー、応答性、および復旧をテストします。この演習は災害復旧やバックアップテストとは異なり、架空の脅威シナリオを用いるのではなく、シミュレートされたアクティブな脅威をネットワークと相互作用させるものです。（演習中にデータを破壊してしまわないように、既知のキーを用いてデータを暗号化するなどの手段をとります。）

   Netflix は、サーバーをランダムに切断して構成を解除し、サービスをオフにする「Chaos Monkey」と呼ばれる永続的な演習を実行しています。そのため組織では、スムーズかつ迅速な負荷分散や、バックアップへのフェイルオーバーを問題なく行えることが常にテストされています。もし実際に問題が発生しても、セキュリティチームは既に実行可能なソリューションを設計およびテストしていることになります。Chaos Monkey は Netflix から無料で公開されているため、どの組織でも利用でき、破壊的攻撃への検知、抵抗、対応、回復能力の向上を図ることができます。[15]

2. **（サイバー）防火システムを構築します。**

   特定の破壊的攻撃がどのように広がり、何を破壊し、システムのどの部分が弱点となるのかを研究するためにリソースを投じます。読み取り専用状態のデータは干渉されないため、ハードドライブバッファで操作を実行する読み取り専用ハー

ドドライブアダプタを実装し、データを「ガラスの向こう」にしまって破壊できない状態にします。「可燃性」のソフトウェア（破壊的攻撃を拡散してしまうようなアプリケーション、ライブラリ、関数等のシステムコンポーネント）を除去します。サイバー防火システムを構築するための特殊なソフトウェア、ハードウェア、および機器の開発には商業機会が存在します。サーバーやデータに破壊的攻撃への耐性をもたらすか、少なくとも攻撃の進行を遅らせたり停止させたりするアプリケーションは、市場に大きな影響を与える可能性があります。

3. **サイバーファイアトラップを仕掛けます。**

これは攻撃者や悪意のあるプログラムを無限ループに誘い込むか、攻撃を隔離したり、消滅させたり、封じ込めたりするための仕掛けをトリガーするもので、自動的に否認や欺瞞を行うサイバーファイアトラップの作成には大きな市場機会が存在します。公に報告されている巧妙な防御策のひとつは、無限再帰ディレクトリを有するフォルダをネットワーク共有に設置することです。このフォルダを反復処理してより多くのデータを見つけようとしたマルウェアは、無限ループに陥ります。[16] この挙動を特定するために専用のセンサーを配備し、インシデント対応チームに警告するか、無限ディレクトリを開始したプロセスを強制終了するコマンドをトリガーするように設定します。

4. **動的サイバー防火帯／カットラインを作成します。**

一般的なシステムでは、電源がオンになっていて相互に接続されていることから、サイバー攻撃が容易に広がるようになっています。攻撃によって特定のシステムが直接侵害されない場合でも、相互接続された他のシステムへと広がっていく可能性があります。このことは、サイバースペース内の数十万（数百万とまではいきませんが）ものボットネットやワーム、およびその他の自己拡散型マルウェアによって繰り返し実証されています。

ほとんどのネットワークの隔離と分離は静的に設計されたアーキテクチャを介して行われますが、IT組織ではさらに、手動およびソフトウェアベースの「ブレーク」ラインを実装することができます。一部の組織では、自身を手動でインターネットから切断できるマスターソレノイドスイッチを設置していることが知られています。内部イントラネット通信は継続されますが、すべての外部ネットワーク接続はただちに切断され、物理的なエアギャップが発生します。これは極端な機能

であるように思われたり、必要となる状況が訪れそうにないと感じられるかもしれません。しかしこれらの組織は、グローバルな「サイバー火災」が発生した場合に、消防斧を用いてケーブルを切断することなく、脅威から迅速かつ容易に離脱する選択肢を有しているといえます。

この実装にアレンジを加え、すべてのシステム、部屋、フロア、および建物に個別のマスタースイッチを設置すると、セキュリティ担当者が破壊的攻撃を阻止するための迅速な決定を下せるようになります。指導者から攻撃の知らせを受けた担当者は、ただちに重要な作業文書をダウンロードしてからスイッチを切り替えることで、コンピューターをネットワークから分離させ、攻撃の拡大を防げるでしょう。

城塞理論の思考訓練

　あなたが貴重な資産を有する中世の城の支配者であるシナリオを考えてください。あなたは財産の大部分を城の防火に費やしています。あなたは城を石から造り、最新の防火技術によって強化し、さらに火災への対応方法について警備員を訓練しています。

　火攻めに対して脆弱なままになっている部分を検討してください。たとえば、火薬庫をどのように保護または移動すべきでしょうか？　軍隊が火薬をすぐに利用できる状態にしておかなければ城を守れないと主張する軍事顧問を納得させつつ、火薬を隔離することができますか？　どうすれば食料の状態を損なうことなく、食料庫の防火を行えるでしょうか？　可燃物の循環を防ぐために、城内を移動する物品をどのように消毒またはフィルタリングすべきでしょうか？　陣地や兵舎など、城の各エリアにおいてどこに防火帯を作成しますか？　火災を封じ込めたり、消火したり、放火犯を捕らえたりするために、どのようなファイアトラップを設計できますか？　城を危険にさらすことなく、実際の火を用いて兵士の火災訓練を行う演習を設計できるでしょうか？

17.3　推奨されるセキュリティ管理策と緩和策

　各推奨事項は、必要に応じて NIST 800-53 標準の該当するセキュリティ管理策ととも
に提示されており、火攻めの概念を念頭に置いて評価する必要があります。

1. 組織内の破壊的行動の指標を監視します。セグメント化されたイベントコレクター
   にデータを転送することで、システム監視ログ、監査イベント、およびセンサーデー
   タの改竄を防ぎます。

   [AU-6：監査記録のレビュー、分析、報告｜（7）許可されているアクション／
   AU-9：監査情報の保護／ SI-4：情報システムのモニタリング]

2. ネットワーク、システム、およびプロセスの隔離／分離を実装して、破壊的攻撃
   がネットワーク全体に広がる可能性を減らします。

   [CA-3：システムの相互接続／ SC-3：セキュリティ機能の分離／ SC-7：境界保護
   ｜（21）情報システムコンポーネントの分離／ SC-11：高信頼パス｜（1）論理的
   な切り離し／ SC-39：プロセスの分離]

3. バックアップテストと復元力の演習を実施して、回復メカニズムおよびフェイル
   セーフが期待通りに機能するかどうかを判断します。

   [CP-9：情報システムのバックアップ｜（1）信頼性 / 完全性の確認｜（2）サンプル
   を使用して復旧されるかどうかをテストする／ CP-10：情報システムの復旧およ
   び再構成｜（1）緊急時対応計画のテスト]

4. データを削除または破棄するコマンドを許可する前に、資格のある、許可された
   個人からの二重認可を要求します。

   [CP-9：情報システムのバックアップ｜（7）二重認証]

5. セキュリティシステムに障害を引き起こす破壊的攻撃が発生した場合に、組織の
   セキュリティを維持するための対策を実装します。たとえば、オフラインになっ
   た際にすべてを許可するのではなく、すべてをブロックするようにファイアウォー
   ルを構成します。あるいは、攻撃が検知された際に「セーフモード」になるように
   システムを構成します。

   [CP-12：セーフモード／ SC-24：既知の状態に陥ること]

6. 破壊的攻撃から保護されたメディア移送メカニズムを維持します。たとえば、機
   密データを含むハードドライブをオフラインで未接続な状態に保ち、実際の火災

などの破壊的物理攻撃の危険が及ばない安全な場所に保管するようにします。

[MP-5：媒体の移動／ PE-18：情報システムコンポーネントの設置場所／ SC-28：保存されている情報の保護]

7. ポータブルメディアまたは機器を組織のシステムやネットワークに接続する前に、悪意のあるソフトウェアの証拠がないかどうかのテストとスキャンを行います。

[MP-6：媒体の無害化／ SC-41：ポートおよび入出力装置に対するアクセス]

8. リスク評価を実施して、侵害された場合に組織が最も大きな被害を受けるデータおよびシステムを特定します。高度な予防策を講じ、それらのシステムおよびデータに特別な保護手段をインストールします。

[RA-3：リスクアセスメント／ A-20：重要コンポーネントの受託開発]

9. 悪意のあるコードからの保護やデトネーションチャンバー（爆発室）などの防御を構築して、破壊的攻撃能力の証拠を探します。

[SC-44：デトネーションチャンバー／ SI-3：悪意コードからの保護]

17.4　おさらい

　この章では火を用いた攻撃と、忍が密かに炎を運び、火を武器にするために使用していたさまざまな手法について確認しました。注目を集めているいくつかのサイバー攻撃と、それらを防御する方法を見ていきました。また、サイバー脅威がデジタル世界において火攻めのようなふるまいを見せる部分についても大まかに検討しました。

　次の章では、忍が火攻めを開始するにあたって、どのようにして外部の味方と連絡を取り、調整を行っていたのかについて詳しく論じます。忍は、いくつもの巧妙な方法によって秘密のC2（コマンドアンドコントロール）通信を実現していました。これは一部のマルウェアがC2通信を実行するために用いる並列メソッドです。

第9章
第10章
第11章
第12章
第13章
第14章
第15章
第16章
第17章

第 18 章
秘密のコミュニケーション

第18章

第19章

第20章

第21章

第22章

第23章

第24章

第25章

第26章

敵の城に入った忍が将官と連絡を取る際には、

忍は仲間に自身の居場所を

知らせる必要がある。

これを行う時と場所の調整は不可欠である。

——万川集海　将知二　矢文二カ条より

夜うちには　しのびの者を　先立て　敵の案内　しりて下知せよ
——義盛百首　第十二首
（夜襲を成功させるためには、事前に忍を送り、
敵の位置を詳しく把握してから命令を出す必要がある。）

　諜報活動の第一人者であった忍は、偵察レポートや攻撃計画といった重要な情報を含む秘密のメッセージを安全に取り次ぎ、主君や仲間が戦術的および戦略的決定を下すための情報を届ける必要がありました。同様に主君や将軍、および仲間の忍は、放火やその他の戦術を実行するタイミングを、潜入中の忍に密かに伝えなければなりませんでした。これらのメッセージは、受信者である忍には容易に解読でき、それ以外の人には読み取れないものであることが求められました。

　万川集海、忍秘伝、軍法侍用集のいずれの巻物にも、敵の領地に侵入した忍が他の忍や友軍、または雇い主と連絡を取るために用いていた秘密のメソッドが記されています。中にはひどく単純なものもあります。万川集海には、魚の腹の中、あるいは疑われず容易に国境を越えて移動できる人の中（細部はご想像にお任せします）にメッセージを隠すことに関する記述があります。選択肢として一般的であったのは僧侶や物乞いです。万川集海で論じられている難読化手法には、いくつかに分割したメッセージをそれぞれ異なる密使に送らせて受信者に再組み立てさせるものや、ミカン果汁、赤水（あかみず）、日本酒、あるいはひまし油から作ったインク（紙上で乾燥すると目に見えなくなりますが、火によって炙り出すことができます）を用いるものなどがあります。さらに、忍は**忍いろは**（忍以外には解読できないようにカスタマイズされた文字）を開発し、断片化された単語や文字を用いることで、メッセージを受信すべき忍だけが理解できるように文脈を曖昧にしていました。[1]

　秘密のメッセージを送信する一般的（かつ直接的）な方法として**矢文**（やぶみ）がありました。矢文は通常の矢のように見えますが、実際には竹の軸に秘密の巻物が巻かれており、矢羽根には受信者を識別するための印が付いていました。封建時代の日本における兵站の現実を考えると、予定通りの時間と場所で矢文を放てる保証はなかったため、忍は矢を用いた「ハンドシェイク」を開発していました。発信者と受信者のどちらか一方が、同じ場所に決まった数の矢が連射されるのを見た場合、射手の手前の地面を狙って決まった数の矢を射返すというものです。部外者からは単なる小競り合いのように見えるこの信号と返信によって、仲間どうしの接続が確立されます。その後忍は矢文を放ち、矢文は回収されて所定の相手 へと届けられていました。[2] この通信メソッドは非常に一般的になっていたため、軍法侍用集では、敵が矢を用いて虚偽の手紙を送ってくる可能性について警告されています。したがって受信者は、前述したいくつかの言語手法を用いて、矢文のメッセージを綿密に調べる必要がありました。[3]

　長距離で信号を伝達する場合や、巻物を送り届けることができない場合に備えて、忍は旗や火、煙、ランプによる信号（**飛脚火**（ひきゃくび））を考案していました。それさえも利用できない場合には、忍は秘密の太鼓や銅鑼、および法螺貝を使っていました。信号装置の大きくユニークな轟音は、敵陣内の忍に対して、秘密の通信を受け取る準備をするよう伝えるものでした。混乱を避けるため、正確な信号パターンは侵入の1〜6日前に承認されていました。はじめに飛脚火の信号が送られてから、太鼓や銅鑼、または法螺貝の信号を介してメッセージが届けられていたようです。[4]

　この章では、忍の秘密の通信メソッドと、最新のマルウェアにおけるC2（コマンドア

ンドコントロール）通信との類似点を見ていきます。C2通信が必要な理由と、脅威活動におけるC2の役割について論じ、現代の攻撃者がこの通信を密かに行うために用いてきたさまざまな手法に触れていきます。また、それらの手法に対するさまざまな防御策と、それを用いる際の課題についても探ります。最後に、C2通信を防ぐためのセキュリティのベストプラクティスの大規模なコレクションを記載します。忍の巻物では、秘密のコミュニケーションを阻止する方法についてのガイダンスが提供されていません。この事実は、優れた解決策が存在しない可能性を示唆しています。

18.1　コマンドアンドコントロール通信

　通常、マルウェアが完全に独立し自律状態にあることは現実的ではありません。もしそのようなマルウェアがあるとすれば、それは非常に大きく、複雑で、疑わしく、防衛者が認識しやすいものになるでしょう。むしろ、ほとんどのマルウェアは脅威活動中にコントローラーからの戦術的ガイダンスを必要とするため、脅威アクターは**コマンドアンドコントロール**（Command and Control、C2、CnC、あるいはC&Cと略されます）と呼ばれる手法を用いることで、標的ネットワーク内にある制御下のマルウェアやバックドア、インプラント、および侵害中のシステムと通信を行います。オペレーターはC2通信を用いて侵害中のシステムにコマンドを送信し、データのダウンロードや構成の更新、さらには自己削除といったアクションの実行を促します。C2インプラントが通信を開始し、統計値や貴重なファイルを送信したり、新たなコマンドを要求したり、ビーコンを返してシステムがオンラインであることやシステムの場所、および現在のステータスを報告したりする場合もあります。サイバー脅威アクターは往々にして、侵入の1～6週間前にドメイン名やIP、WebサイトなどのC2インフラストラクチャを確立します。

　C2機能は広く知られており、多くのファイアウォール、IDS／IPS、およびその他のセキュリティ機器や管理策が、攻撃者から標的システムへの直接的な通信、あるいはその逆の通信を防ぐ機能を備えています。これらの管理策を回避するために、脅威アクターはより高度なC2のTTP（手法、戦術、手順）を継続的に開発しています。たとえば、C2データはpingのペイロードや、公開Webサイトでホストされている画像に隠されたコマンドに埋め込むこともできます。攻撃者はTwitterのフィードや、信頼できるサイトへのコメントでC2を使用することがあります。また、攻撃者がC2を用いて、侵害中のシス

テムでプロキシと電子メールリレーを確立する場合もあります。その後攻撃者はセキュリティ管理策や機器によってブロックされない、既知のプロトコルや安全なサイトを介して通信を行います。さらに例を挙げると、侵害されたシステムに接続された携帯端末は、USB 接続時に中継塔を介して C2 を「呼び出す」マルウェアに感染する可能性があります。端末のバッテリーが充電されている間、マルウェアはファイアウォールなどのネットワーク防御を回避し、感染したホストと C2 との通信を容易にします。その他の C2 通信メソッドには、（飛脚火のように）LED の点滅を用いるものや、（狼煙のように）CPU の温度を変化させるもの、（太鼓による信号のように）ハードドライブまたは PC スピーカーの音を用いるもの、さらには電磁スペクトル波を利用してエアギャップを通過し、付近のマシンに接続するものなどがあります。

　攻撃者は難読化や暗号化などの機密保持技術を用いて C2 通信を階層化し、被害者にコマンドの証拠を悟らせることなく、侵害中のシステムとの連絡を維持します。攻撃者が検知を避ける方法には以下のようなものがあります。

- 1 日の間に通信するデータの量を制限し、日ごとの通信量が異常に見えないようにする（たとえば、2 週間で 1.5GB のダウンロードが行われるのを隠すために、1 日あたり最大 100MB に留める）
- ビーコンの送受信をユーザーのアクティブ時間にのみ行うことで、正規のユーザートラフィックに溶け込む（たとえば、日曜や休日の朝には、短時間のうちにビーコンを頻繁に送信しないようにする）
- 新しい、またはランダムな、あるいは動的な C2 ポイントへと切り替えていくことで、統計的異常の発生を避ける
- 疑似的に正当なトラフィックを定期的に生成することで、行動分析による精査を回避する
- アクティビティログを無効化または削除し、フォレンジックによる発見を防ぐ

　高度な C2 の TTP にはひどく悪質で、事実上検知できず、ブロックが困難なものもあります。technet.microsoft.com（IT 専門家向けの Microsoft 公式 Web ポータル）にしかアクセスできないような、厳格なファイアウォール制御を実装した Windows IT 管理者の例を考えてみてください。HTTPS プロトコルのみが許可され、常にウイルス対策が実行されており、OS のパッチ適用も万全です。管理者が仕事をしなければならない Microsoft TechNet の Web サイトを除いて、電子メールや Skype、iTunes などの外部

プログラムは実行されていません。安全であるように思われるかもしれませんが、中国のAPT17（Deputy DogまたはAurora Pandaとも呼ばれます）が、Microsoft TechNetページへの投稿コメントに隠しIPアドレスをエンコードし、侵害されたシステム内のBLACKCOFFEE（リモートアクセス型のトロイの木馬）と通信していた例があります。[5]仮にプロキシロキシトラフィックや行動分析、異常ヒューリスティクス、IDSシグネチャ、ウイルス対策ソフトウェア、ファイアウォールアラートなどの検査を行ったとしても、悪意のある通信が行われていることを示す兆候は発見できなかったでしょう。

　高度なC2に対抗するための先進的な防御策には、多くの場合システムのエアギャップが含まれますが、近年ではさらに新しいC2通信手法が開発されています。例のひとつは、ルートキットまたは侵害されたファームウェアとマルウェアがロードされたUSBを用いるものです。USBがシステムに接続されると、侵害されたシステム内のインプラントとの通信が始まり、パッケージ化されたデータが収集され、外部C2へと持ち出すために密かにアップロードされます。

18.2　通信を制御する

　組織は脅威を検知する手段を複数利用することが普通です。こうした手段は、C2として機能することが確認されている悪意のあるURLやIP、およびドメインの情報を継続的に組織へ提供し、組織は、ファイアウォールやセキュリティ機器によってそれらの脅威を警告またはブロックすることができます。これはC2に対する防御の良い起点ですが、新しいURLやIP、およびドメインは無限に提供されるため、脅威アクターは新たなIDを取得することで、検知する手段を回避できてしまいます。C2に対処するには、新旧両方のアプローチが必要となります。その一部を以下に示します。

1. **ベストプラクティスに従います。**
   すべてのC2通信を阻止することは非現実的、あるいは不可能かもしれませんが、サイバーセキュリティのベストプラクティスを実装することで、基本的なものから中程度までのC2はブロックできるようになります。すなわち、自組織のネットワークを把握し、境界とフロー制御を設定し、ホワイトリストを確立し、ハントチームによるC2通信の積極的なブロックまたは傍受を許可します。ベストプラクティ

スに関して近道をしてはいけません。むしろ、堅実なセキュリティ作業を行うようにしてください。ベストプラクティスを文書化、テスト、および検証し、追加の対策と検証について、独立した第三者のアセッサー（評価者）に相談します。既存のベストプラクティスのインフラストラクチャを維持および改善しつつ、セキュリティの向上に努めます。

2. **「リモート表示」管理策を用いてセグメンテーションを実装します。**

ネットワークのセグメンテーションおよび隔離とは、イントラネットマシンや未分類のインターネットマシンなど、互いにセグメント化された複数のネットワークおよびマシンを確立することを意味します。セグメンテーションにおいては、C2通信による境界を越えたブリッジングを防ぐ必要があります。残念ながら、ユーザーがイントラネットマシンを一時的にインターネットに接続し、ドキュメントやライブラリをダウンロードしたり、その他のセキュリティプロトコル違反を犯すことは珍しくありません。このような問題に対するアプローチのひとつは、イントラネットマシンの構成を変更し、インターネットに接続されている別の隔離マシンをリモートで表示する仕様にすることです。隔離されたインターネットボックスには、ユーザーが物理的または直接的なアクセスを行えないようにします。ユーザーはコマンドを発して画面を表示できますが、隔離されたインターネットボックスから手元のリモート表示ボックスに生の情報を受信することはありません。リモート表示ボックスは事実上、別の部屋にある別のコンピューターを表示するためのTVモニターとなります。そのためC2通信やマルウェア、およびエクスプロイトは、ビデオ信号を飛び越えて害を及ぼすことができなくなります。

城塞理論の思考訓練

　あなたが貴重な資産を有する中世の城の支配者であるシナリオを考えてください。あなたの配下の書記官は毎週、領地の秘密や新しい研究と発見、財務データ、およびその他の機密情報を概説した新しい巻物を作成しています。これらの巻物が敵の手に渡らないようにすることは不可欠です。しかしながら、何者かがあなたの私用書庫で重要な巻物の写しを作成しているという噂があり、また最近の敵の行動はその報告を裏付けているように思われます。書記官や記録管理人に巻物を複製して持ち出した疑いのある者はおらず、内部脅威を探す必要はないものとします。

　流出や複製を防ぐために、巻物にどのようなアクセス制限や物理的保護を課すことができるでしょうか？　物や人が通常通りに城を出入りすることを許可しつつ、これらの巻物の盗難や移動を監視するにはどうすればよいでしょうか？　最も価値のある巻物を敵に悟らせないような方法で保管することはできるでしょうか？　脅威アクターが巻物へのアクセスを得る別の方法、あるいはアクセスせずに情報を盗む方法にはどういったものがありますか？　また、それらに対してどのような防御を行いますか？

18.3　推奨されるセキュリティ管理策と緩和策

　各推奨事項は、必要に応じて NIST 800-53 標準の該当するセキュリティ管理策とともに提示されており、C2 の概念を念頭に置いて評価する必要があります。

1. システムやネットワーク境界、およびネットワークの出口ポイントにセーフガードを実装して、ネットワーク上のデータ漏洩の兆候を探します。これはセンサーで傍受できない暗号化されたトンネルをブロックするとともに、不正なプロトコルやデータ形式、ウォーターマーク、機密データラベル、およびネットワークを出ていく大きなファイルやストリームの証拠を探すことを意味します。

   [AC-4：情報フロー制御の実施｜（4）暗号化された情報内容チェック／SC-7：境界保護｜（10）不正な情報の引き出しを阻止する／SI-4：情報システムのモニタリング｜（10）暗号化された通信の可視性]

2. インターネットとイントラネットのリソースを分離およびセグメント化して、複数のネットワークを確立します。重要な内部システムがインターネットに接続するのを制限します。

   [AC-4：情報フローの実施｜（21）情報フローの物理的・論理的分離／CA-3：システムの相互接続｜（1）非機密扱いの国家安全システムへの接続｜（2）機密扱いの国家安全システムへの接続｜（5）外部のシステムとの接続制限／SC-7：境界保護｜（1）物理的に切り離されたサブネットワーク｜（11）内向け通信トラフィックを制限する｜（22）異なるセキュリティドメインに接続できるよう、分離されたサブネットを使用する]

3. 重要な情報を有するシステムへのリモートアクセスを制限します。

   [AC-17：リモートアクセス]

4. 制限と構成制御を実装して、不正なワイヤレス通信を検知および防止します。

   [AC-18：ワイヤレスアクセス｜（2）許可されていない接続の監視／PE-19：情報漏えい／SC-31：隠れチャネル分析／SC-40：ワイヤレスリンクの保護／SI-4：システム監視｜（15）無線 ─ 有線通信]

5. C2 通信を特定できるように、セキュリティチームと従業員をトレーニングします。

   [AT-3：役割ベースのセキュリティトレーニング｜（4）疑わしい通信（およびシステムの異常な動作）／SI-4：システム監視｜（11）通信トラフィックを分析し、異

常の有無を確認する｜（13）トラフィック / イベントパターンを分析する｜（18）トラフィックを分析し、情報の密かな取り出しを検知する]

6. C2 バックドアまたはインプラントの疑いのある無許可のソフトウェアが、システム上で実行されないようにします。

[CM-7：最小機能｜（5）許可されているソフトウェア / ホワイトリスト化]

7. セキュリティ管理策や境界を通過しうる、システムへの直接の物理的接続にセーフガードを設けます。これにはスイッチクローゼット、イーサネット差し込み口、およびコンピューターインターフェースが含まれます。

[PE-6：物理アクセスのモニタリング／ SC-7：境界保護｜（14）不正な物理接続から保護する｜（19）組織によって設定されたホストではないホストからの通信を遮断する]

8. 職員が外部メディアの搬入および搬出を通じて手動で C2 通信を実行することがないように、組織を出入りするリムーバブルメディアの検査とスキャンを要求します。

[PE-16：搬入と搬出]

9. ホワイトリストを実装して、例外が承認されていないリソースまたはアドレスへの通信を拒否します。多くの C2 サイトは、組織による正当な使用の履歴がない、まったく新しいドメインです。

[SC-7：境界保護｜（5）デフォルトで拒否 / 例外的に許可]

18.4　おさらい

　この章では、忍が味方と指令を送り合うために用いていたさまざまな通信方法を確認しました。現代における多様な C2 メソッドを説明するとともに、それらを忍のメソッドと比較しました。しかしながら、真に最新の C2 手法はまだ露呈していない可能性が非常に高く、ここでは表層をなぞったにすぎません。忍の秘密連絡メソッドの中でも最高のものは記録に残されていないのと同じように、最先端の C2 手法の背景にある天才性と創造性を私たちが知る日は訪れないのかもしれません。攻撃者による C2 を軽減する方法として、ホワイトリストや暗号化検査を含むいくつかのベストプラクティスについて論じましたが、問題の理想的な解決策はまだ見つかっていません。

　次の章では、忍のコールサインについて論じます。これはユニークな印やメッセージを残すことによって、敵陣内の味方と連絡を取り合うためのメソッドです。コールサインはデッドドロップと同様に、環境の境界から離れることがないため、C2 通信をブロックまたは検知する従来のメソッドは、コールサインに対しては基本的に機能しません。

第19章
コールサイン

第18章
第19章
第20章
第21章
第22章
第23章
第24章
第25章
第26章

忍び入る際にまず行うべきことは、経路を記録し、
味方に出口と脱出方法を示すことである。
── 万川集海　陰忍一　先考術十カ条より

しのびえては　敵かたよりも　どうしうちの　用心するぞ　大事なりける
── 義盛百首　第二十六首
（敵のエリアにうまく入り込んだ後は敵よりも、
自分たちが誤って戦わないよう（同士討ち）に注意する。）

　大衆文化における忍はしばしば孤独なアクターとして描かれますが、実際には多くの忍がチームを組んで活動していたとされます。そうしたチームは特に、現場において情報をばらばらに中継し合うことに長けていました。軍法侍用集には、忍が悟られることなく連絡を交わすために開発した3種のコールサイン（物理的な目印）が記されています。目印の種類と配置場所によって、コールサインは忍が標的を特定するのを助けたり、道の分岐点に辿るべき進路を示したり、敵拠点への道順を提供したり、その他のアクション（特に攻撃）を調整するために用いられていました。コールサインは忍の間ではよく知られていましたが、任務に参加する忍は前もってカスタマイズしたバリエーションにつ

いて示し合わせ、標的や敵の忍が現場のコールサインを認識できないようにしていました。巻物では、持ち運びが可能で、使い捨てで、素早く展開および格納でき、地面に配置できる目印の使用が提案されています。最も重要だったのは、目印は視覚的にユニークでありつつも、関係者以外からは目立たないものでなければならないということです。

　たとえば一部の忍が、仲間の忍に自分の居場所を知らせるために、事前に定めた差し障りのなさそうな場所に染色した米粒を残していくことを示し合わせたとします。ある忍は赤い米粒を残し、またある忍は緑の米粒を残し、という風に定めておけば、仲間の忍がそれらの色の付いた米粒を見た時、味方が既にその場所を通過したことがわかるようになります。このシステムが優れているのは、忍がこうしたアイテムを素早く識別できる一方で、普通の通行人はごく少数の奇妙な色の米粒などには気が付かないということです。同様のメソッドを用いた例として、忍は砕けた竹片を巧妙に配置することで、味方を特定の進路へと向かわせていました。また、チームのメンバーが期せずして放火の犠牲者や容疑者になる可能性を減らすために、地面に小さな紙片を置くことで、これから焼失する住居を特定できるようにしていました。[1]

　この章では、ネットワーク環境におけるコールサイン手法の使用方法と、サイバー脅威アクターがそれらを用いる理由について探ります。ネットワークのどういった箇所にコールサインを配置できるのか、そしてそれらがどのように見えるのかについて仮定を行います。さらに、標的ネットワーク内でこれらのコールサインを探す方法についても論じます。クリエイティブなコールサインを検知するという課題を確認するとともに、この課題の核心、すなわち攻撃者の行動について環境を制御および監視するということに触れていきます。思考演習では、敵のコールサインの課題に対処するためのメンタルモデルと解決策を築き上げる機会を設けます。そして、環境内での脅威アクターによるコールサインの使用を防いだり、その機能を制限したりするためのセキュリティ管理策を紹介します。

19.1　オペレーターの諜報技術

　2016 年に発生した DNC（民主党全国委員会）へのハッキングにおいて、ロシアの軍事機関 GRU（APT28 または FANCYBEAR とも呼ばれます）とその関連セキュリティ機関 FSB（APT29 または COZYBEAR とも）は同じネットワークとシステムで運用されていましたが、コールサインを用いた連絡の交換に失敗していました。この見落としによって両機関の活動が重複したことや、被害を受けたネットワーク内に観察可能物、異常、およびその他の侵害の兆候となるものが生じたことが、両者の作戦失敗の一因となったようです。[2] 両機関の間での区分化に起因するとみられるこのコミュニケーションの欠如をもとに、サイバー諜報活動を行う脅威グループが、忍からどういったことを学びうるのかを探っていきましょう。

　サイバーセキュリティのコミュニティでは、重複しながら秘密のマーカーを用いる脅威グループの観察はまだ行われていませんが、DNC へのハッキングはそうしたプロトコルの必要性を示しています。GRU と FSB は DNC へのハッキング作戦における取り組みについて事後報告を交わしたと考えるのが妥当であり、標的の重複が懸念される将来の作戦において、コールサインプロトコルを実装することを既に決定しているかもしれません。もしサイバー諜報組織が「孤立しつつ交差する」フォーメーションでの活動を本格的に開始するならば、通常の通信チャネルを利用できない状態でさまざまな情報（システムまたはネットワーク内に自身が存在することや、標的に関する詳細など）を伝達するための方法が必要となるでしょう。

　そのようなコールサインが存在した場合、それらはどのように見えるでしょうか？効果的なサイバーコールサインは次のようなものになると考えられます。

- 忍の目印と同じく、時間とともに変化する

- キャプチャおよびリバースエンジニアリングされることのないツールやマルウェアに実装されている。識別にはキーボードを使用する人間が必要となります。

- 固有で価値の高いプライマリドメインコントローラー（DC）など、重複する諜報グループが確実に発見できるような場所に存在する。ファイルセキュリティモニターの存在や、DC は頻繁には再起動されないという運用上の現実を考えると、脅威グループは DC のメモリに目印を配置することで、持続性を最大化しつつ検知のリスクを最小化できるかもしれません。

第18章

第19章

第20章
第21章

第22章
第23章

第24章
第25章

第26章

　どういった種類の文字列、または固有の16進バイトが目印として機能しうるのか、どのキャッシュや一時テーブル、あるいはメモリ位置にマーカーが存在しうるのか、そして他のオペレーターがいかにしてそれらを素早く発見するのかはまだ不明です。しかしながらサイバーセキュリティ業界では、既にウイルスに感染している（したがって、再度感染を試みる必要がない）マシンに同じウイルスのコピーが拡散してきた場合に備えて、特定のファイルまたはレジストリキーを信号として残していくマルウェアファミリーが複数確認されていることに注意してください。[3] このコールサイン機能を動的な人間の脅威アクターに向けて実装することは容易ではないと思われますが、防衛者は感染シグナルを偽装するファイルやレジストリキーを作成することで、マルウェアが何もしないまま通過するように誘導できるかもしれません。

19.2　コールサインの存在を検知する

　共有ネットワークドライブからファイルを削除したユーザーの特定にさえ苦労している多くの組織にとって、システムのリモート部分に隠された秘密のコールサインの検知など困難を極めることでしょう。それでも、防衛者には環境内における脅威の相互通信を防ぐことが求められ、その必要性はますます高まっています。脅威アクターを捕らえるチャンスを得るために、防衛者はトレーニングを行い、検知ツールを実装し、ホストの可視性を確保する必要があります。

　1. **高度なメモリ監視を実装します。**
　　組織のネットワーク内で価値の高いシステム（脅威アクターが標的にする、または標的へと接近するためにアクセスする必要があると思われるシステム）を特定します。次に、組織の既存の機能を調査して、それらのシステムのメモリ変更を監視および制限します。ベンダーが提供する製品やサービスについても確認します。そうしたメモリ変更の原因を調査するために必要となる労力と時間を評価します。最後に、その変更が標的マシンの侵害を示すものであることを、確実に見極められるかどうかを判断します。

2. **担当者をトレーニングします。**

　　セキュリティチーム、脅威ハンティングチーム、および IT チームをトレーニングして、メモリ内のフォレンジックアーティファクト（特に、価値の高い標的内で見つかったもの）を侵害の潜在的な指標であると見なすようにし、発見された不一致が見過ごされることを防ぎます。

城塞理論の思考訓練

　　あなたが貴重な資産を有する中世の城の支配者であるシナリオを考えてください。あなたは忍のチームが城を狙っており、彼らがコールサインを用いて連絡を交わしているという信頼できる情報を受け取りました。彼らが用いる秘密の合図には、染色した米や小麦粉、竹片などの目立たない目印を地面に置くことが含まれます。

　　警備員にこれらの手法、およびまだ考慮されていない手法を認識させるために、どのような訓練を施しますか？　住人が誤って米粒を地面に落とした場合や、動物や風によって環境が乱れた場合などに発生しうる誤報告を管理するために、どのような支援を行えますか？　秘密の目印を検知しやすくするために、城と敷地にどういった建築上の変更を加えることができますか？　忍が合図を交わして連絡や欺瞞を行うために用いる目印の機能を破壊、攪乱、あるいは抑制するために、どういった対策をとりますか？

19.3　推奨されるセキュリティ管理策と緩和策

　　各推奨事項は、必要に応じて NIST 800-53 標準の該当するセキュリティ管理策とともに提示されており、コールサインの概念を念頭に置いて評価する必要があります。

1. 現在のユーザーが以前と同じシステムまたはリソースへのアクセスを取得する際に、以前のユーザー情報を利用できないようにします。
　[SC-4：共有リソース内の情報]

2. 不正な情報フローに利用される可能性のあるシステム通信を特定します。潜在的なカバートチャネルについては、管理策「PE-8：来訪者アクセス記録」が好例となります。来訪者が設備にサインインするために使用する紙のログブックや制限がないデジタル機器の持ち込みは、他のチームがその場所を訪れたことを別行動の諜報アクターに知らせる情報マーカーの配置に利用される可能性があります。

[SC-31：隠れチャネル分析]

3. 潜在的な攻撃と不正なシステム使用の指標を探り、監視機器を展開して、注目すべき情報のやり取りを追跡します。

[SI-4：情報システムのモニタリング]

4. システムメモリを不正な変更から保護します。

[SI-16：メモリーの保護]

19.4　おさらい

　この章では、忍のチームが敵陣内で合図を送り合うために使用していた物理的な目印について確認しました。そうしたコールサインが役立つ理由と、巻物で述べられている優れたコールサインの特徴を学びました。そして、コールサインの欠如による協調の不足が一因となって脅威グループの活動が露呈した、過去のサイバー諜報作戦の例について確認しました。現代の脅威グループが高度化を続けていき、コールサイン技術が採用されるようになる可能性について論じました。現代におけるデジタルなコールサインがどのように見えるのか、そしてそれらに気付くにはどうすればよいのかを探りました。

　次の章では、忍のコールサインの反対の概念について論じます。すなわち、忍が敵陣内での活動の痕跡を残さないためにとっていたとされる、巻物の教えに基づいた予防策です。高度な手法には、防衛者を欺くことを目的とした偽の合図の作成が含まれていました。

第20章
光と騒音とごみの抑制

古い忍の伝統によれば、灯火を用いて敵を窺う際には、
前もって扉を施錠する必要がある。
── 万川集海　陰忍三　見敵術四カ条より

雪ふりに　しのびにゆきし　事あらば　まづ足あとの　用心をせよ
── 義盛百首　第五十三首
（雪が降っている時に忍として侵入を行う場合は、
まず自身の足跡に注意しなければならない。）

　不要な注目を避けることは忍の仕事における基本であり、忍は気付かれないように動く訓練を熱心に行っていました。もし提灯の光で動物を刺激したり、足音が響き渡って眠っていた標的を目覚めさせたり、食べかすによって警備員に侵入者の存在を察知されたりすれば、忍はその使命（あるいは彼らの命）を危険にさらしてしまいます。そのため巻物では、光と騒音とごみの抑制を維持しながら戦術的に移動および活動するための、重要なガイダンスが提供されています。

　光の抑え方にはごく普通の方法もみられます。たとえば巻物では、光が漏れ出すこと（および、室内の人々が逃げ出すこと）を防げるように、侵入中の忍が松明に点火する際にはまず扉を内側から施錠しておくことを推奨しています。[1] また、光の抑え方にはより具体的な手法も紹介されており、万川集海では光を制御するための優れた道具が数多く紹介されています。たとえば**鳥ノ子**（とりのこ）は [訳注1]、中心に種火が入った特殊な可燃性材料の束を、卵のような形とサイズに圧縮したものです。忍は鳥ノ子を手のひらに置き、手を開閉して種火に届く酸素の量を制御することで、光の明暗を変化させ、特定の狭い方向だけに光を向けていました。[2] この道具を用いる忍は、素早く手を開いて部屋の中で眠っている人物を確認し、その後拳を握って瞬時に光を消す、といった使い方ができたでしょう。したがって、鳥ノ子は現代の軍用懐中電灯と同じように、オンデマンドの方向制御とオン／オフの制御を備えた光源であったといえます。

　音を立てないことは忍にとって不可欠であり、巻物には標的への潜入中に無音を保つための数々の技術が記されています。忍秘伝では、呼吸の音を弱めるために一片の紙を噛んでおくことが提案されています。同様に、一部の忍は手のひらで足の裏を掴みながら狭い場所を移動し、手を使って歩くことで足音を消していました。この手法を成功させるには、相当な練習と慣習を要したことでしょう。また、油などの粘性のある物質を持ち歩き、蝶番や木製の引き戸など（軋んで音を立て、人々に忍の存在を悟らせる可能性のあるもの）が滑らかに動くようにすることも、忍の一般的な手法でした。ただし巻物では、そうした液体をむやみに塗りすぎないように警告されています。液体が目に見えるほど溜まってしまうと、誰かが不法に侵入したという事実が警備員に伝わりかねないからです。[3]

　忍の騒音抑制手法は、騒音を最小限に抑えるものばかりではありません。巻物では、意図的に物音を生じさせるためのガイダンスも提供されています。正忍記には**沓替え**（くつかえ）と呼ばれる騒音抑制手法が記されていますが、これは実際には足運びを変化させるものであり、靴を履き替えるわけではありません。潜入中の忍はすり足やスキップをしたり、足を引きずったり、不規則なステップを踏んだり、聞こえるものの通常とは異なる足音を立てるなどして、聞き手を欺くことを可能としていました。その後で自然な歩き方に切り替えると、聞き手はそれが別人の足音であると思い込んだり、追跡していた人物が

[訳注1]「鳥ノ子」について：原著者が参考にした「THE BOOK OF NINJA」では携帯用照明のような解説を行っているが実際には『煙玉』のこと（鳥ノ子〔煙玉〕：焔硝（黒煙火薬、もしくは硝酸カリウム）と発煙剤を和紙で何重にも包み、卵型に固めた手投げ弾。衝撃を受けると発火発煙する）。

突然立ち止まったと誤認します。[4] 忍秘伝には、木製のブロックを打ち合わせたり「泥棒だ！」あるいは「助けて！」などと叫ぶことで警報を偽装し、騒音に対する警備員の反応をテストする手法が記されています。[5] 万川集海では、より制御された騒音テストについて述べられています。このテストは、標的または警備員の近くにいる忍が徐々に大きくささやいていくことで、標的が騒音を検知する閾値を測定するものです。騒音テストは、忍が標的の反応について以下のような観察を行うのに役立ちます。

第18章
第19章
第20章
第21章
第22章
第23章
第24章
第25章
第26章

- 標的はどの程度の速さで反応したか？
- 騒音が聞こえることについて、警備員の間で話し合いがあったか？
- 警備員は迅速かつ注意深く、武器を持って現れたか？
- 標的は騒音に不意を突かれた様子であったか？
- 標的はまったく気付いていなかったか？

こうした観察結果は、標的の認識と聴覚の鋭さを忍に知らせるだけでなく、標的が事件に対応する際のスキルや備えをも明らかにします。これらは、忍が侵入を調整するために利用できる情報です。[6]

物理的な証拠に関しては、忍は「Leave No Trace（跡を残さない）」が環境保護のスローガンになるよりもずっと前から、その理念を用いていました。**長嚢**と呼ばれる道具は、音とごみの両方を封じ込めるのに役立つものでした。高い壁をよじ登る時や、くぐり抜けるための穴を開ける必要がある時、忍は毛皮やフェルトの裏地がついた大きく厚い革の長嚢を下に吊ることで、壁から落ちる破片をキャッチさせて音を消していました。作業が済んだ後は、集まった破片を地上の目立たない場所へと静かに降ろすことができます。これは、破片を地面や堀に落として音を立てるよりもはるかに優れた選択肢でした。[7]

この章では、潜入中の忍にとっての光と騒音とごみを抽象化し、それらがサイバー脅威のどういった要素に相当するのかを見ていきます。脅威グループが痕跡を最小限に抑えるために使用してきたツールと手法、およびいくつかの手続き型スパイ技術の規律について確認します。「ローアンドスロー」な脅威の検知に関する話題と、自身の有利に働くように環境を変化させる施策について論じます。思考演習では、忍が足音を消すために用いていた手法を見ていきます。この理論は現代のデジタルシステムにも適用できるかもしれません。章の最後には、ネットワーク内に残る（あるいは残らない）観察可能な要素に注意を払う高度な攻撃者に対抗するための、検知の規律について説明します。

20.1　サイバー空間の光と騒音とごみ

デジタル世界は必ずしも物理世界と同じように動いているわけではなく、「光と騒音とごみ」に相当するサイバー要素を理解し、継続的に探していくことは難題となるかもしれません。防衛者の制御下にあるデジタルシステム内の監視やハンティングを行うための時間、リソース、および機能が不足しているせいで、攻撃者の「光と騒音とごみ」の痕跡が文書化されていないこともよくあることで、結果として、脅威アクターにとっては物理的に侵入するよりも、サイバー侵入を実行する方が容易な場合もあります。

スキャンやエクスプロイトを行う多くのツールおよびフレームワーク（Nmap[8] など）は、スロットルモードなどの「ローアンドスロー（low-and-slow）」メソッドを有しています。これは、標的ネットワーク上でのパケットやペイロードのサイズ、パケット頻度、および帯域使用率の抑制を試みるものです。攻撃者は「わずかなフットプリントしか持たないファイルが害を及ぼすことはないだろう」という防衛者の想定を悪用するために、非常に小さな悪意のあるファイルを開発しています（たとえば、China Chopper と呼ばれるマルウェアは 4KB 未満になることもあります[9]）。C2（コマンドアンドコントロール）のポストをまれにビーコン送信するようにマルウェアを構成すれば、発生するノイズの量を最小限に抑えることができます。また意図的にスリープ状態になったり、長時間のNOP（no-operation：無操作）を実行することで、プロセスログまたはメモリのノイズを最小化するという手口もあります。特定のマルウェアは、その存在を露呈させうるデジタルな「ごみ」を残さないように、ディスクにファイルを保存することを避けています。ネットワークインフラストラクチャに移設している攻撃者とマルウェアは、情報を受動的に収集する選択をすることがあります。この手口は標的内の環境をゆっくりと、しかし有益な形で理解することに繋がります。注目すべきは、こうした脅威の多くが、作戦の実行に起因するサイバーな「光と騒音とごみ」のリスクを受け入れることを選ぶ場合もあるという点です。

十分に高度な攻撃者は、以下のような手順によってサイバーな「光と騒音とごみ」を制限してくるものと想定すべきでしょう。

- 標的との通信を 1 日あたり 100MB 未満に制限する
- マルウェアのアーティファクトやファイル、および文字列が、マルウェアの存在を露呈させる、あるいはマルウェア由来の「ごみ」として容易に識別されないよう

にする

- ログ、アラート、トリップワイヤー等のセンサーを「サイレンシング（消音）」することで、侵入者の存在がセキュリティに警告されないようにする

　現在のほとんどのセキュリティ機器およびシステムは、既知の脅威の正確なシグネチャ（特定の IP、イベントログ、バイトパターンなど）に反応してトリガーされる設計になっているようです。アナリストにリアルタイムで脅威の活動を示してくれる特殊なソフトウェア（Wireshark[10] など）を使用したとしても、その情報を収集、処理、および調査するには多大な労力が必要となります。このワークフローを、足音を聞いて対応することと比較してみてください。人間には自らの感覚で物理環境を知覚することはできても、同じようにデジタル領域を知覚することはできません。したがってセキュリティ対策とは基本的に、視覚と聴覚に障害を持つ警備員が、部屋を横切る脅威に対して行動を起こすための指示を待っているようなものなのです。

20.2　検知の規律

　残念ながら、捕まらないことに熟練している相手を捕らえるための理想的な解決策はありません。この領域において防衛者よりも優れている一部の脅威アクターは、セキュリティチームのインシデントチケットツールに不正にアクセスし、自身の脅威活動を参照するような新しい調査がないかどうかを監視することも可能です。しかしながら、改善を施したり、訓練を行ったり、対策を展開したり、トリックを試してみることで、防衛者は脅威をつまずかせたり、スパイ活動においてミスを犯した脅威を捕捉できるかもしれません。

1. **意識訓練を行います。**
   脅威ハンティング、インシデント対応、およびセキュリティ分析のトレーニングの一環として、セキュリティチームに攻撃者の「光と騒音とごみ」の兆候を探すことを教えます。

2. **「軋む門」を取り付けます。**

    機密性の高いシステムやネットワーク機器（ドメインコントローラー等）で毎分発生するセキュリティイベントなど、欺瞞的な AS&W（Attack Sensing and Warning：攻撃の検知と警告）指標の実装を検討します。たとえば、「[セキュリティイベントログアラート]：Windows は Windows Defender の有効化に失敗しました。／ Windows のバージョンを確認してください。」という警告を実装することができます。これによって侵入してきた攻撃者を欺き、防衛者がアラートに注意を払っていないものと思い込ませることで、攻撃者がセンサーやアナリストから隠れるためにセキュリティログを「オフにする」または「リダイレクトする」ように促せるかもしれません。偽のアラートが突然なくなれば、防衛者は攻撃者の存在に気付くことができるでしょう（また仮に正当なクラッシュであった場合には、システムを再起動するか、停止について IT 部門に調査してもらう必要があることがわかります）。

3. **拍子木に対処します。**

    意図的に警告をトリガーしたり、環境内の保護された場所や隠れた場所から顕著なネットワークノイズを発生させる（つまり、既知のハニーポットを攻撃する）などして、セキュリティチームの検知および対応能力を観察しようとする高度な攻撃者について検討します。これは、忍者が夜間に建物を駆け抜けながら 2 つの木片を打ち合わせ、周囲の反応をテストする手法のサイバー版といえます。発見を恐れることなくゼロデイ攻撃などの秘密の手法を使用できるかどうかを判断するために、この方法でセキュリティを評価しようとしてくる攻撃者が存在するものと考えておくのが妥当でしょう。

城塞理論の思考訓練

あなたが貴重な資産を有する中世の城の支配者であるシナリオを考えてください。あらゆる場所を監視することは現実的でないため、あなたは主要な出口経路で奇妙な音を聞くことができる場所に警備員を配置しています。また、警備員が異常な騒音に気付けるように訓練を行っています。あなたは忍が靴底に生地を詰めて柔らかくした特製の履物を持っており、音を立てずに瓦や石の上を歩くことができるとい

う情報を受け取りました。

　この情報をどのように利用すれば、城内の忍者を検知することができるでしょうか？　この特殊な履物はどういった証拠を残す可能性があるでしょうか？　この履物がもたらす脅威を緩和するために、どういった対策を講じることができますか？城内で不審なほど静かに歩いている人物を見つけて反応できるようにするためには、警備員にどのような訓練を行えばよいでしょうか？

20.3　推奨されるセキュリティ管理策と緩和策

　各推奨事項は、必要に応じて NIST 800-53 標準の該当するセキュリティ管理策とともに提示されており、攻撃に伴う「光と騒音とごみ」の観点から評価する必要があります。

1. ラウドアンドファスト（騒々しく高速）な攻撃者とローアンドスロー（静かで低速）な攻撃者の両方によるネットワーク侵入をシミュレートして、組織の検知能力を測定します。観察可能なアクティビティとそれに関連付けられているログの対応、およびセンサーのデッドスポットになっている可能性のある箇所を文書化します。
   [AU-2：監査イベント／ CA-8：侵入テスト／ SC-42：センサー機能およびデータ]
2. インシデントログ、アラート、および観察可能な要素を文書化された脅威アクションと関連付けたうえで、担当者をより適切に教育し、脅威がネットワーク上でどのように「聞こえる」のかをテストします。
   [IR-4：インシデント対応 | （4）情報を相互に関連付ける]
3. サンドボックスやデトネーションチャンバー（爆発室）を調整して、光と騒音とごみの抑制に相当するサイバー手法を行使しようとしている脅威アクターの指標を探します。
   [SC-44：デトネーションチャンバー]
4. シグネチャベースでない検知メソッドを用いて、シグネチャによる識別を回避するように設計された秘密の（痕跡を抑制した）活動を探します。
   [SI-3：悪意コードからの保護 | （7）署名ベースでない検知]

5. 情報システム監視を展開して、ステルスな活動を検知します。活動の激しい領域に過敏なセンサーを配置することは避けるようにします。

[SI-4：情報システムのモニタリング]

20.4　おさらい

この章では、忍が活動の証拠を隠すために講じていた予防策と、使用していた道具について確認しました。実例としては、忍が警備員に警戒されるまでにどれだけの騒音を立てることができるかを測定することや、忍の活動が発見された場合に標的がとりうる行動を知る術についてです。攻撃者が利用するいくつかのサイバーツールと、それらを光と騒音（つまり、防衛者が検知できる証拠）に相当するものとして理解することについても論じました。最後に、防衛者が講じることのできる有望な対策を確認しました。

次の章では、光と騒音とごみの問題を軽減し、忍の潜入の助けとなるような環境について説明します。たとえば、強い暴風雨は騒音をかき消し、視界を覆い隠し、忍が存在した証拠を一掃してしまうでしょう。サイバー防衛者はシステムを保護するために、これに類似した環境について検討することができます。

第21章
侵入に適した環境

侵入は敵が動いた瞬間に行うべきであり、敵が動いていない時に
侵入を試みてはならない。これが節操ある者のやり方である。
── 万川集海　陰忍一　惰気に入る術八カ条より

大風や　大雨のふる　時をこそ　しのびようちの　たよりとはすれ
── 義盛百首　第一首
（豪雨、あるいは雨が最も強く降るタイミングを、忍の活動や夜襲に利用すべし。）

　忍秘伝と万川集海のどちらにおいても、忍が標的に向かって移動する際には、見つからないようにカバーとなるものを利用すべきであるとアドバイスされています。忍はカバーが存在するような環境が訪れるのを待つこともあれば、必要に応じて自らそうした環境を作り出すこともありました。巻物には、自然発生するもの（強風や雨など）から催し事（祭りや結婚式、宗教的礼拝など）、さらには忍が自ら発生させるもの（馬を解放する、戦いを引き起こす、建物に火を放つなど）まで、侵入の助けとなる環境が幅広く提示されています。[1] 原因がなんであれ、標的の注意を逸らす動揺や興奮、混乱などといった条件を利用できることは、優れた忍の要件のひとつでした。

　忍にとって、悪天候とは潜入状況を有利に転じうるものでした。たとえば激しい暴風雨の発生は、街路の人通りがなくなり、視界が悪くなり、忍の出す音を土砂降りによってかき消してくれます。[2] もちろん悪天候は（忍びを含めて）誰にとっても好ましいものではなく、義盛百首の第二首においては、強すぎる嵐は戦術や手法の実行を困難にするものであると言及されています。「雨 風も　しきりなる夜は　道くらく　ようち　しのびの　働きもなし」[3]（雨風の激しい夜は道が暗くなるため、忍が夜襲などの活動を行うことは難しくなる）

　また忍は、標的の家族の痛ましい死など、より個人的な環境を利用することもありました。巻物では、標的が喪に服していると、二～三夜ほどはよく眠れない場合があると指摘されています。そのため忍は、葬儀や死別の際に会葬者を装って悟られることなく標的に接近したり、三～四夜ほどが過ぎて標的がようやく深い眠りについてから侵入するなどしていたようです。[4]

　もちろん、忍の任務が常にそうした天運と重なっていたわけではありません。場合によっては、忍は自らの手で標的の要塞に重い病をばら撒くこともありました。病人は防衛者として機能せず、その介護者は病人の心配に気を取られ、また病にかからないために睡眠を我慢するようになります。苦しんでいた病人が回復し始めると、安心した介護者は深い眠りにつくため、忍はそのタイミングで侵入していました。また忍は、橋などの重要なインフラを破壊することもありました。標的が夏の暑さの中で大規模かつ困難な再建計画に取り掛かるのを待ってから、疲れ果てた相手のもとへと侵入していたのです。[5]

　効率よく注意を逸らすために、より直接的に標的と対立する場合もありました。万川集海には、軍隊や他の忍の助けを借りて行う驚忍（きょうにん）と呼ばれる手法が記されています。味方が（おそらく発砲したり、太鼓を鳴らしたり、叫んだりすることで）標的に働きかけて攻撃が進行中であると思わせ、その混乱に乗じて忍が潜り込むというものです。忍が安全に脱出したい場合にも、同じ手法がそのまま利用されていました。[6]

　この章では、（忍の巻物に記されているような）環境要因を侵入に役立てる方法が、このデジタル時代にどのように適用されるのかを確認していきます。環境要因の使用は防衛者やセキュリティシステム、および組織が有する有限の注意力に依存するものです。その限られた注意力に過負荷がかかったり、混乱が生じたり、誤った方向に向いたりすると、脅威アクターが悪用できるような機会が生まれることになります。現代のネットワーク環境にみられるさまざまな機会を特定し、それらが忍の巻物に記された環境と相似している部分について説明します。最後に、環境によって防御が弱められる可能性に備えるために、組織にセーフガードと復元力を組み込む方法を確認します。

21.1 攻撃者の機運

　サイバーセキュリティの攻撃者が標的の注意を逸らしたり、侵入を検知する条件を作り出すための手口は、かつての忍と同じくらいに広範かつ狡猾であるかもしれません。たとえば、サイバー防衛者が突然の DDoS（分散型サービス拒否）攻撃を検知した場合、標準的な操作手順では DDoS の強度と期間を評価し、アクティビティをログに記録するセキュリティインシデントチケットを作成する必要があります。DDoS が脅威アクターによるネットワークへの攻撃のカバーである可能性を、防衛者がただちに疑うことはないでしょう。そのため攻撃によって標的のセキュリティセンサーやパケットキャプチャ（pcap）が圧倒され、侵入検知または防御システム（IDS ／ IPS）が開かなかった場合（言い換えると、通信が多すぎて検査できなくなった場合）、防御システムは悪意のある項目を十分に調べることなく、パケットをそのまま通してしまう可能性があります。DDoS が停止すると、防衛者は重大なダウンタイムがなかったことを確認してステータスを通常に戻しますが、DDoS が続いたのが 10 分間だけであっても、その間に殺到したパケットによって攻撃者が十分な時間とカバーを得て、システムを侵害しネットワークへの足がかりを確立していたことには気付けないかもしれません。（強い嵐は標的と攻撃者の両方を妨げうると警告した 義盛百首第二首 と同様に、攻撃者が過度に激しい DDoS を展開することはほぼありません。そうしてしまうとネットワーク機器がパケットを取りこぼし、攻撃者自身の攻撃を含む通信データが失われる可能性があるからです。むしろ、通信遮断は避けつつセキュリティを圧倒するように、標的に対する攻撃を抑えることが多いでしょう。）

　攻撃者は、標的への侵入に有利な環境を作り出す方法を他にも数多く有しており、彼らの思うがままです。ISP や相互接続を中断させるなどして、サービスやインフラストラクチャの品質および信頼性を損なうことが、攻撃者の利益となる場合もあります。忍耐強い攻撃者は、商用ベンダーから欠陥のある更新またはパッチがリリースされ、問題のトラブルシューティングのために標的のセキュリティまたは IT 担当者が一時的に「permit any-any」状態を作成したり、セキュリティ管理策を取り除いたりするまで待つこともあります。脅威アクターは企業の資産取得プロセスを監視して、新しいシステムやサーバーが本番環境またはクラウドに移行される時期——すなわち、それらの標的が一時的に無防備になっていたり、攻撃に対する適切な構成がなされていないような時期を特定するかもしれません。脅威アクターが企業の合併を追跡し、異なる企業どうし

がネットワークを結合させる際に生じるギャップへの侵入を試みる可能性もあります。さらには、攻撃者が標的の建物で開催されている特別なイベント（大規模な会議やベンダーエキスポ、サードパーティ集会など）を利用し、来訪者の人混みに紛れ込んで標的へと侵入することも考えられます。その過程でスワッグバッグ（イベント参加者に配られる試供品などが入った手提げ袋）を受け取っていく可能性さえあるでしょう。

21.2　攻撃者の逆境

　100%の稼働時間を保証することは不可能であると考えられているデジタルシステムにおいて、常に100%のセキュリティを保証することはさらに困難であると考えるべきでしょう。さらに、災害や危険、事故、故障、および予期せぬ変更といった要因の多くは日和見的な脅威アクターが侵入できる環境を作り出すものですが、これらを防ぐことはほぼ確実に不可能です。こうした環境を回避するために過度な注意を払うことは、ビジネスにおいて大胆な戦略と目標を達成する妨げとなる可能性があります。このジレンマの解決策となりうるのは、システムを重複的に階層化して侵入の機会を減らすことです。セキュリティチームは高可用性セキュリティに相当するもの──つまり、システムの脆弱な部分を重複的に階層化したセキュリティを導入することができます。意識して準備を行ってください。動揺または混乱が生じるような環境（変更管理、イベント、インシデント、危機、自然災害など）に対するセキュリティ担当者プロトコルの一環として、セキュリティチームにトレーニングを行い、イベントが作成された兆候や、攻撃者による組織への侵入に利用されている兆候を探せるようにします。組織のポリシーと手順における役割と責任を文書化します。脅威モデリング、卓上演習、およびリスク管理を用いて潜在的な動揺の原因を特定し、それらを処理するためのセーフガード、対策、および保護を検討します。

城塞理論の思考訓練

　あなたが貴重な資産を有する中世の城の支配者であるシナリオを考えてください。あなたは特に寒く風の強い氷嵐（氷雨を伴う暴風）の間、門番たちが持ち場にしゃがみ込み、顔を覆い、許可なく小さな火を起こして暖をとっていることに気付きました。

火は門番たちの暗視力を損ない、また彼らのシルエットを可視化しています。

忍は、吹雪や氷嵐などの極限環境をどのように利用して城に侵入してくるでしょうか？ どういった装いで、どのように接近してくるでしょうか？ どの程度の活動を警備員に悟られることなく行えるでしょうか？ 吹雪の間に警備員が適用できるアクセス制限およびセキュリティプロトコルには何がありますか？ そのような環境下での活動を兵士が効果的に監視できるように、番所を変更することはできますか？ 気象の他には、どういった環境が警備員の注意を逸らしうると想像されますか？ また、それらについてどのように対処しますか？

21.3 推奨されるセキュリティ管理策と緩和策

各推奨事項は、必要に応じて NIST 800-53 標準の該当するセキュリティ管理策とともに提示されており、侵入に適した環境の概念を念頭に置いて評価する必要があります。

1. 攻撃者の侵入を軽減するために、非常事態などのただならぬ環境下で、各種のセキュリティ管理策およびプロトコル（認証など）がどのように処理されるかを確認して文書化します。
   [AC-14：識別または認証を必要としないアクション]

2. 外部情報システムを（特に、酌量すべき環境において）使用する条件に関する管理策とポリシーを確立します。
   [AC-20：外部情報システムの使用]

3. 非常事態をシミュレートした緊急時対応トレーニング（火災訓練など）の最中にペネトレーションテスト演習を開始して、防御および検知機能をテストします。
   [CA-8：侵入テスト／ CP-3：緊急時対応トレーニング／ IR-2：インシデント対応トレーニング]

4. 訪問者に物理的なアクセス制限を実施します。また、制御下にない多数の人（たとえば、火災に対応する消防士）に付き添えないものの、無許可でのシステムの出入りは防がなければならないような環境においても、同様に制限を実施します。
   [PE-3：物理アクセス制御]

5. 攻撃者が組織の防御を侵害したことが疑われる場合、非常時には情報システムと
   ネットワークを遮断できるような機能を開発します。

   [PE-10：緊急遮断]

6. 組織の緊急時対応計画に、攻撃者の認識およびハンティングをどのように組み込
   むことができるかを検討します。

   [CP-2：緊急時対応計画]

7. 業務を突然フォールバックサイトに移動させたり再開したりすることで、攻撃者
   の侵入に適した環境が生じるかどうかを評価します。その後、適切な防御的セー
   フガードと緩和策を検討します。

   [CP-7：代替処理拠点]

21.4　おさらい

　この章では、標的に侵入するためのカバーをもたらす環境を作成、あるいは待機する
戦術について確認しました。防御の整った標的に対して忍が機会を作り出していた方法
のいくつかの例を見ていき、その戦術が現代のネットワーク環境においてどのように機
能するのかを探りました。脆弱になるタイミングのセキュリティを管理するためのさま
ざまな方法を取り上げ、また思考演習を通じて、リスクの回避や移転、またはリスクへ
の対処が行えないような環境に備えることを検討しました。

　次の章ではゼロデイ──すなわち、誰も防御する方法を考えたことがない斬新な、あ
るいは秘密の侵入方法について論じます。忍はゼロデイ攻撃と同様のエクスプロイトお
よび手法を有していました。それらは秘中の秘であり、書き留めることも禁じられてい
たため、巻物でも間接的にほのめかすだけに留まっています。私たちには謎めいた手が
かりしか残されておらず、それらは忍が学んだ秘密の手法を思い出すための手がかりで
あって、手法自体を教えてくれるものではありません。それでも、巻物は新しいゼロデ
イを作り出す方法や、ゼロデイを防御する手順、およびゼロデイを実行するためのスパ
イ技術に関する見識を提供してくれます。さらに、巻物では露見したことで効果を失っ
たいくつかの歴史的なゼロデイ手法が説明されており、これらは現代のゼロデイエクス
プロイトと、未来のゼロデイの可能性予測についての洞察を与えてくれます。

第22章
ゼロデイ

第18章
第19章
第20章
第21章
第22章
第23章
第24章
第25章
第26章

秘密は保持されている限り機能する。言葉が漏洩してしまえば、その機能は失われる。

—— 万川集海　将知二　忍術の禁忌三カ条より

注意すべきは、人々に知られている大昔の方法を用いない方がよいということだ。
驚きという刃を失うことになるためである。

—— 正忍記　高越え下きに入るの習いより [1]

　秘密性は、忍の重要な戦術的利点のひとつでした。巻物では、忍はその能力の詳細を他人に悟られてはならないと繰り返し警告されています。忍の手法に関する知識が公に漏洩することは、悲惨な結果を招く可能性があるからです。漏洩した手法が何世代にもわたって無効化されてしまうだけでなく、その手法を使用した忍の命が危険にさらされることにもなりかねません。忍の秘密のスパイ技術を部外者に露呈させることの危険性については、正忍記と忍秘伝の両方に記述があり、一部の巻物ではスパイ技術の秘密を知った標的や、活動中の忍を目撃した傍観者を殺めることまで勧められています。[2]

　正忍記と忍秘伝のどちらにおいても、公に露見したことで役に立たなくなった古い手法が挙げられています。たとえば大昔の忍者（**夜盗**）[3] は、偵察を行うにあたって時折農

地を横切っていましたが、彼らはかかしのような衣装を身につけ、人々が近づいた際にそれらしいポーズをとることで検知を免れていました。[4] しかしこの手法が露呈してからは、住人たちは定期的にかかしを殴ったり、突き刺すなどして検査を行うようになりました。忍の変装にどれほど説得力があり、パントマイムがどれほど巧みであったとしても、この手法はリスクが高すぎるものとなり、忍は風景の中に隠れ潜むか、あるいは農地を完全に避けて通るための新しい方法を開発せざるを得なくなりました。スキルは失われたのです。

　同様に、一部の忍は猫や犬の鳴き声を模倣することに熟達しており、任務中に誤って自らの存在を警戒されてしまった際に吠えたり鳴いたりすることで、騒動は通りすがりの動物によるものであり、詳しく調べる必要はないと思わせる術を有していました。これも最終的には露呈してしまった手法です。警備員が聞き慣れない動物の鳴き声をしっかりと調査するように訓練されたことで、忍は発見のリスクにさらされるようになりました。[5]

　また巻物には、要塞の保護に犬が使われており、忍が警備員に気付かれずにその犬を仕留めたり、連れ去ったり、手懐けたりすることができないような状況についての記述があります。巻物の指示によれば、忍はそうした状況において、まず鯨油の香りを身につけていたといいます。そして犬が警備員のもとを離れるのを待つか、もしくは自ら誘い出したうえでその犬を殴る、という行為を数夜続けて行っていました。鯨油の鋭く希少な香りによって条件付けられた犬は、そのにおいを痛みや罰と関連付け、やがてその独特の香りを身につけた忍への攻撃を恐れるようになるからです。この手法が露呈すると、警備員は鯨油の独特の香りや、犬の行動の突然の変化に気付けるように訓練されました。[6]

　もちろん忍の秘密のほとんどは、忍が事実上の歴史的遺物となってから何年も経ち、巻物が正式に出版されるまで暴露されていませんでした。したがって当時の防衛者は、詳細がわからない攻撃（攻撃者でさえ考えたことのない攻撃かもしれません）を阻止するための手法を作り出す必要がありました。

　防衛者を務める忍のために、巻物ではいくつかの基本的なアドバイスが提供されています。万川集海の「将知」[7] の巻では、パスワードや認証スタンプ、識別マーク、秘密の合図や信号など、さまざまなセキュリティのベストプラクティスを推奨しています。また巻物では指揮官に対し、これらのセキュリティ戦略の背景にある理論について熟考することや、これらを他の標準プロトコル（夜警や警備員など）と組み合わせること、より高度な予防策（罠の設置など）を講じること、そして秘密の動的セキュリティ実装を独自

に開発することなどをアドバイスしています。ただし、これらの手法によって防げたのは低〜中程度のスキルを有した攻撃者にとどまり、最も高度な忍による攻撃を防ぐことはできなかったようです。[8]

そのため万川集海における最も実用的なセキュリティアドバイスとは、防衛者が完全な安全や不断の警戒、完璧な統制を実現する日は決して訪れないということです。忍に悪用されうる隙は常に存在するのです。その代わりに、巻物では敵の哲学や考え方、思考プロセスを理解することの重要性が強調されており、また忍に対しては新しい手法を積極的に（時には事前の準備なく）試していくことを求めています。

　状況や時間や場所に応じてどのように行動するかを正確に伝えることは困難である。たとえ最も偉大な将軍であろうとも、一定の方法や決まった形式のみを用いていたのでは、どうして勝利を得られようか？

（——万川集海　将知五　器具を用いて敵忍を防ぐ二カ条の事より）[9]

防御を担う忍は、逆のシナリオを想像してみたり、潜在的なギャップを調査するなどして、創造的なメンタルモデリングを行っていました。彼らは自然からインスピレーションを得て、魚や鳥、あるいは猿ならばどのように城に侵入するか、そしてそれらの動物の能力をどうすれば模倣できるかを想像しました。[10] また、忍は通常の泥棒（盗人）を研究して新たな手法を導き出すこともありました。彼らはとりわけ人間の精神の創造性を信頼し、継続的学習、論理分析、問題解決、およびメタ認知の柔軟性を行使していました。

　忍には繊細で常に変化を続ける何百万もの習いがあるが、それらの全てを伝統や継承によって教えていくことはできない。行うべき最も重要なことのひとつは、己の知りうるあらゆる場所や分野において、己の知りうるすべてのことを常に知ろうとすることである。……精神が物事の方法と完全に一致しており、完全な道理と論理のもとに働いているならば、「**無門の一関**」を通過することができるだろう。……人間の精神とは驚異的であり、柔軟である。素晴らしいものである。時が経つにつれてはっきりと、あるいは不思議と物事の本質に気付くようになり、どこからともなく理解が訪れるだろう。……[忍の道] では、己にできるすべてのことを修める必要がある。……想像力と洞察力を用いて、あらゆる事柄の方法に気付き、把握しなくてはならない。[11]

（—— 正忍記下巻「極秘伝」より引用。）

　鋭敏な精神と勤勉な労働倫理を備えた前向きな忍は、未知の攻撃にも耐えうる強力な防御の構築を可能としていました。敵は新しい攻撃計画の開発やセキュリティギャップのテスト、および隠された防御の攻略に時間とリソースを費やすことを強いられるうえに、セキュリティシステム全体が動的に変化すれば再び阻まれることになります。

　この章では、現代におけるゼロデイの脅威状況を調査し、忍の巻物に記された哲学やスパイ技術の中でサイバーセキュリティに適用できるものを理解していきます。さらに、ゼロデイに対するさまざまな防御策について探ります。この章の城塞思考演習では、新たな洞察を引き起こすことを期待して、最新のコンピューティングハードウェアやソフトウェア、クラウド、およびネットワークに隠れた未知の潜在的ゼロデイに対処する課題を提示しています。

22.1　ゼロデイ

　サイバーセキュリティ用語の中には、防衛者や知識の豊富なビジネス関係者の心に恐怖をもたらすものがいくつか存在します。そのうちのひとつである**ゼロデイ**（または **0 デイ**）は、今まで知られていなかった、防衛者たちが立ち向かう方法を知らないと思われるエクスプロイトまたは攻撃を指す用語です。この用語は、そうした攻撃や脆弱性が公に知られてからの経過日数が「ゼロ日」であるという事実に由来しています。被害者や防衛者はその脅威について学ぶ機会を得られないため、通常のテクノロジーを標的に、ゼロデイを利用する脅威アクターは、ほぼ確実に目的を成功させることができます。一例として、STUXNET は 4 つのゼロデイエクスプロイトを用いてイランの核濃縮施設のエアギャップを破っており、最も安全で理解しにくい標的をも攻撃するゼロデイの力を示しています。[12]

　ゼロデイ攻撃の有用性は、それが未知であるということが源泉です。脅威アクターがゼロデイを使用した直後から、被害者はセンサーや監視システムを介して攻撃の証拠を取得し、その証拠をフォレンジックに調べ、攻撃のリバースエンジニアリングを行う機会を得ることになります。ゼロデイが実際に発生すれば、セキュリティの専門家はすぐに緩和策や検知シグネチャ、およびパッチを開発し、CVE 番号を公開してコミュニティに警告を行うでしょう。誰もがそうした勧告に注意を払ったり、システムにパッチを適

用したりするわけではありませんが、ゼロデイから1デイ、2デイと経つにつれて、成功率はどんどん低下していきます。

ゼロデイは、攻撃者の動機に応じてさまざまな方法で展開されます。手っ取り早く儲けたいサイバー犯罪者は、ゼロデイを即座に消費して大規模で目立ちやすい攻撃を行い、即時のリターンを最大化しようとするでしょう。より高度な脅威アクターは、ゼロデイ攻撃を観察できる証拠（アーティファクトやログ等）を削除する手順を確立することで、ゼロデイの耐用期間を延長する可能性もあります。真に洗練された攻撃者は、強固で価値の高い標的へのゼロデイを使用せずに残しておく場合もあります。人気のあるテクノロジーを標的とするゼロデイは、闇市場のサイバー犯罪者に数千ドルで売れる可能性があるからです。ゼロデイの武器化や、ゼロデイに対する防御の構築を切望する政府が買い手になれば、100万ドル以上の値がつくこともあります。

ソフトウェアコードの正当で悪意のないセキュリティギャップに起因するゼロデイも存在するものの、一部の脅威アクターは契約や秘密の潜入者を通じて、ソフトウェアアプリケーションのソースコードに悪意を持ってゼロデイを差し込むことができます。標的型攻撃においては、ソフトウェアライブラリやハードウェア、あるいはコンパイラを侵害して、将来悪用するための隠れた脆弱性（バグやバックドア等）を差し込む場合もあります。これは忍者が城の建設チームに参加して設計を侵害し、自分だけが知っている秘密の入り口を作っていたのとほぼ同様の手口です（巻物では、こうしたことが実際に起きていたと述べられています）。[13]

従来、ゼロデイを発見してきたのは、深い専門知識をもってコードを調査するセキュリティ研究者や、脆弱性について創造的に思考する脅威ハンター、あるいは実際に自組織へのエクスプロイトが利用されているのを偶然見つけたアナリストたちでした。これらの方法は今でも有効ですが、最近では「ファジング」などのテクノロジーが、ゼロデイ検知の自動化に役立てられています。ファザーやそれに類するツールは、まだ知られていないシステムの脆弱性を発見するために、さまざまな入力（ランダムなもの、無効なもの、予期されていないもの等）を自動的に試行します。AIを利用したファザーとAIディフェンダーの出現は、新しいパラダイムを示すものです。城壁を貫通しうる大砲の発明が新たな防御戦略へと繋がったように、AIはいつか防御が脅威そのものと同等の速さで進化するようになる可能性をもたらしています。もちろん、攻撃システムが防御機能を凌駕する方法を学習する可能性もあります。もしそうなれば、業界においてゼロデイを検知し立ち向かう方法が変化するだけでなく、世界からサイバーセキュリティ全体への見方までもが変化するかもしれません。

　もっとも今のところ、エクスプロイトと発見のパターンは周期的です。脅威アクターがエクスプロイトや脆弱性の一部分（SQL インジェクション、XSS、メモリリーク等）を熟知し、防衛者がそうした脅威との戦いに慣れてくると、攻撃者は異なる手法やテクノロジーの悪用に移行する、といったサイクルが続いているのです。時が経ち、これらの防衛者および攻撃者が職場を離れていくと、新しいソフトウェアやテクノロジーに同じような弱点を再発見する新世代の脅威アクターが現れることになるでしょう。結果として古いゼロデイが再び発生し、また新たにサイクルが始まると考えられます。

22.2　ゼロデイに対する防御

　多くの場合、サイバーセキュリティ市場の新規参入者たちは自身のソリューションから大きな成果を約束したがるため、彼らにとってゼロデイの検知および保護は望ましい主張です。有効なものが存在しないというわけではありませんが、このトピックは容易にインチキ薬の領域に分類される可能性のあるものです。以下に詳述するように、私が売ろうとしているのは脅威に関する実践的なガイダンスだけですのでご安心ください。

1. ベストプラクティスに従います。

　ゼロデイの防御が非常に困難であるからといって、セキュリティを諦める必要はありません。業界のベストプラクティスに従ってください。ゼロデイ攻撃を完全に無効化することはできずとも、脅威アクターがあなたの環境に対して活動を行うことをより困難にしたり、組織がゼロデイ攻撃を検知して対応できる可能性を高めることは可能です。潜在的なゼロデイについてぼんやりと心配するのではなく、パッチや緩和策を 1 デイ、2 デイ、3 デイのうちに適用していくことで、組織が既知の攻撃に対して脆弱なままでいる時間を最小限に抑えます。

2. ハントチームおよびブルーチームを利用します。

　ゼロデイ防御戦略に取り組むために、ハントチームとブルーチームを結成するか、もしくは契約します。

　ハントチームを構成する専門の防衛者たちは、標準的なシグネチャベースの防御には頼りません。その代わりに、彼らは攻撃者がゼロデイやその他のメソッドを

用いてネットワークに侵入する方法について、常に仮説を立てています。それらの仮説に基づき、ハニーポットや行動および統計分析、予測脅威情報などのカスタマイズされた手法を用いてハンティングを行います。

ブルーチームは、実際の防御を設計、テスト、および実装する専門の防衛者で構成されています。まずシステムまたはネットワークの情報フローを文書化してから、現在の設計に対して成功する可能性のある実際の攻撃、および想像上の攻撃を説明する脅威モデルを構築します。ハントチームと異なり、ブルーチームの仕事にはゼロデイを見つけることは含まれません。その代わりに、彼らは情報と脅威モデルをゼロデイの観点から評価して、脅威の軽減やセーフガードの実装、セキュリティの強化、およびシステムの保護を効果的に行う方法を判断します。ブルーチームは通常のセキュリティ、業務、およびインシデント対応の担当者とは別に存在しますが、既存のインシデント対応レポートを確認して、防御がどのように失敗したかを特定し、将来起こりうる同様の攻撃に対する予防的な防御の構築方法を判断する必要があります。

3. **動的な防御を「慎重に」実装します。**

セキュリティ専門家は近年、次のような複雑で動的な防御手段の導入に協力して取り組んできました。

- ネットワークを動き続ける標的にしようとする——たとえば、毎晩更新する
- ランダム化の導入——たとえば、ASLR（アドレス空間配置のランダム化）
- 相互作用による動的な変化——たとえば、量子暗号
- 不規則な防御状態、または免疫応答システムの開始

こうした動的防御のいくつかは、当初は非常にうまく機能していましたが、やがて攻撃者たちはこれらを打ち破る方法を開発し、戦略的観点からは事実上、静的なものにしてしまいました。

サイバーセキュリティのベンダーや実務家に相談し、最先端の動的防御に関する文献を調べて、自組織に役立つものを判断します。ただし、今日における動的防御が明日には標準仕様となり、容易に回避できるセキュリティレイヤーになる可能性に注意してください。

4. **より退屈な防御を構築します。**

　可能であれば、自組織の環境で「退屈な」システム、コーディング手法、および実装を利用することを検討します。Google の BoringSSL オープンソースプロジェクト [14] をはじめとする退屈な防御策は、コードの攻撃対象領域やサイズ、依存関係、複雑性といった要素を単純化および削減する（すなわち、退屈にする）ことで、価値の高い、あるいは致命的な脆弱性を排除できる可能性を提案するものです。コード、アプリケーション、またはシステムのレベルで効果を発揮するこのプラクティスに則る場合、コードは緻密で巧妙なものではなく、退屈なほどに安全で、構造が変化しないものとなり、鈍く単純な実装を行うことになります。理論的には、人間とマシンがコードを読んでテストし、解釈することで、予期せぬ入力やイベントによってゼロデイ脆弱性が発見される可能性は低くなります。

5. **D&D（Denial and Deception：拒否と欺瞞）を実践します。**

　D&D を用いると、攻撃者があなたの環境やシステム、ネットワーク、人、データ等の観測可能な情報を取得するのを防いだり、攻撃者を欺いてあなたに有利な行動をとらせることができます。偵察や武器化、そしてエクスプロイトの差し込みを困難にされた攻撃者は、あなたの環境内で認識されるギャップが本当に存在することをテスト、調査、および検証するために、より多くの時間を費やすことを強いられます。たとえば Solaris インスタンスに変更を加えて別の SELinux OS に見せかけるといったように、システムの見かけを変更して、別のソフトウェアを搭載した別の OS が稼働しているように偽装することができます。（理想的には実際に SELinux に移行することが望ましいものの、レガシーな IT システムのロジスティクスにより、組織は古いソフトウェアに必要以上に長く依存し続ける場合があります。）欺瞞が効果を発揮していれば、攻撃者は SELinux 用に武器化された攻撃を開発し、実行しようとしてくるかもしれません。もちろん実際には SELinux は実行されていないため、攻撃は失敗します。

　D&D を単独で活用して曖昧さによるセキュリティを実現するのではなく、優れたセキュリティプラクティスに加える形で適用し、それらを強化するものとして用いる必要があることに注意してください。D&D は万川集海に記されている「極秘戦術」[15] と同様に、持続的な脅威アクターからシステムを守る新たな方法を探しているような、きわめて成熟した組織のためのセキュリティのエンドゲームなのです。

6. **切断によって保護します。**

正忍記の切断防御に関する議論では、精神的、戦略的、物理的、およびその他の
あらゆる部分において敵との繋がりを断つように教えています。[16] サイバーセ
キュリティにおいては、これは完全に閉じこもり、世界から隔離された状態で働
く完全独立型のブルーチームを作ることを意味します。彼らはセキュリティニュー
スや脅威情報、パッチ、エクスプロイト、マルウェアのバリエーション、新しい
シグネチャ、最先端の製品など、思考に影響を与えたり、精神状態を変化させたり、
敵との繋がりをもたらす可能性のあるすべてのものを無視することになります。
切断スキルが正しく利用された場合、防衛者の思考は業界の標準からかけ離れた
方向へと突き動かされていきます。攻撃者が切断された防衛者と同様の思考を行
うことは難しく、防衛者は攻撃者が直面したことのないユニークな秘密の防御戦
略を開発するため、ゼロデイ攻撃を機能させることはきわめて困難となります。
D&D と同様に、このメソッドも既に最上級のサイバーセキュリティスキルを有し
ている組織にのみ推奨されます。そうでなければ、敵から身を遠ざけて暗闇の中
で活動することは逆効果をもたらす可能性があります。

城塞理論の思考訓練

あなたが貴重な資産を有する中世の城の支配者であるシナリオを考えてください。
あなたは城の建築中に忍が建設作業員の中に紛れ込み、城にセキュリティギャップ
となるもの（裏口など）をひとつ以上仕込んだらしいという噂を耳にしました。その
脆弱性の場所と仕組みを知っている忍は、警備員やセキュリティ管理策を回避して、
城に自由に出入りすることができます。あなたは城の隠れた脆弱性について検査す
るために、警備員や建築技師、さらには雇った忍をも遣わせましたが、彼らが何か
を発見することはありませんでした。裏口のない城を新しく建てられるだけの資金、
時間、リソースはないものとします。

忍がいつでも悪用できる隠れた欠陥があることを知ったうえで、どのように城の
運営を続けていきますか？　城内の宝物、人、情報をどうやって保護しますか？
隠れた弱点がどういったもので、どこにあり、どのように使用されるのかがわから

ない状態で、弱点を探したり防御したりするにはどうすればよいでしょうか？　こうした未知の脆弱性のリスクを管理する方法には、他にどのようなものがありますか？

22.3　推奨されるセキュリティ管理策と緩和策

各推奨事項は、必要に応じて NIST 800-53 標準の該当するセキュリティ管理策とともに提示されており、ゼロデイの概念を念頭に置いて評価する必要があります。

1. 自組織向けにカスタマイズされた動的で適応性のあるセキュリティ保護を作成して、セキュリティのベストプラクティスを強化します。
   [AC-2：アカウント管理 ｜（6）動的な権限管理／AC-4：情報フロー制御の実施 ｜（3）動的情報フロー制御／AC-16：セキュリティ属性 ｜（1）属性の動的な関連付け／IA-10：適応性のある識別および認証／IR-4：インシデント対応 ｜（2）動的な再構成／IR-10：統合情報セキュリティ分析チーム／PL-8：情報セキュリティアーキテクチャ ｜（1）深層防護／SA-20：重要コンポーネントの受託開発／SC-7：境界保護 ｜（20）動的な分離 / 隔離／SI-14：非永続性]

2. ゼロデイの記録を保持します。これには発見された時期と方法、標的とするテクノロジー、脆弱性スキャンの結果、および予測される将来のゼロデイとの相関関係が含まれます。
   [AU-6：監査記録のレビュー、分析、報告 ｜（5）統合 / スキャン機能およびモニタリング機能／SA-15：開発プロセス、標準、およびツール ｜（8）脅威 / 脆弱性情報の再利用]

3. 特化した脆弱性スキャン、検証、およびシステムテストを実施して、ゼロデイセキュリティを評価します。
   [CA-2：セキュリティ評価 ｜（2）特殊な評価]

4. 専門の侵入テスターと契約し、ソフトウェアやシステム等のテクノロジーのゼロデイを発見することで、それらの悪用に対する予防的な防御を行えるようにします。

[CA-8：侵入テスト／ RA-6：科学的情報収集対策に関する調査]

5. システムとソフトウェアを脅威モデル化して、潜在的なゼロデイを評価し、それらを緩和するための予防的な再設計の方法を査定します。「退屈な」コードの実装を検討します。

[SA-11：開発者によるセキュリティテストおよび評価｜（2）脅威分析と脆弱性分析／ SA-15：開発プロセス、標準、およびツール｜（5）攻撃の矢面を減らす／ SI-10：入力情報の妥当性確認｜（3）予測可能な振る舞い]

6. カスタマイズした多様でユニークなセキュリティ防御を実装して、システムを悪用するゼロデイの効力を軽減します。

[SC-29：異種性]

7. D&D キャンペーンを展開して、攻撃者があなたの組織に対して偵察を行ったり、ゼロデイ攻撃を武器化および実行するための能力を低下させます。

[SC-30：隠匿、および誤った方向に向けること]

8. ハントチームとセキュリティチームを設立して、ゼロデイ攻撃およびエクスプロイトの兆候を探ります。

[SI-4：情報システムのモニタリング｜（24）侵害の兆候]

9. 定期的な自動脆弱性スキャンを実施して、1 デイ、2 デイ、3 デイとチェックを続けていきます。必要に応じて、脆弱性へのパッチ適用や、緩和あるいは修正を行います。

[RA-5：脆弱性スキャン／ SI-2：欠陥の修正]

22.4　おさらい

　この章では忍のスパイ技術と、彼らが何世紀にもわたって培ってきた悪用の手法を取り巻く秘密について確認しました。そうした忍の秘密の手法が、今日において観察されるゼロデイのエクスプロイトや脆弱性とどれほど密接に対応しているかを探りました。サイバーセキュリティやサイバー戦争、および情報優位性の観点から、現在の最先端技術と、ゼロデイ攻撃の将来の可能性について確認しました。ゼロデイについて語ることは無意味であるように思えるものの、実際には脅威に立ち向かううえで重要なことであるという事実にも触れました。

　次の章では、ゼロデイやあらゆる種類の脅威アクターと戦っていくための、適切な人材の採用について論じます。忍の巻物で提供されている、忍を募集するためのガイドラインを確認し、そのガイダンスをサイバーセキュリティの人材の誘引に適用する方法を探ります。サイバーセキュリティ業界に人材不足の問題があるという主張は根強く残っていますが、中世の日本の戦国時代においても、同様に忍不足の問題があったのではないかと思われます。忍の巻物では、忍の工作員にするために訓練すべき人物を特定する方法を説明しています。その役割は、今日の事務職などよりもはるかに強い利害関係のあるものでした。採用の選択がまずければ工作員はすぐに死んでしまい、トレーニングへの投資が無駄になるとともに、任務やチームメンバーの生命を危険にさらすことにもなりかねないからです。

第23章

忍びの採用

敵の計画や忍に対する防御のため、あるいは緊急事態に備えるために、
多数の人員を抱えておくことが望ましいと思うかもしれない。
しかしながら、慎重な検討を行うことなく自軍に人員を雇い入れるべきではない。
—— 万川集海　将知五　器具を用いて敵忍を防ぐ二カ条の事より

　しのびには　三ツのならいの　あるぞかし　論とふてきと　扱は智略と
　　　　　　　　　—— 義盛百首　第三十八首
（忍には備えておくべき三つの主要な原則がある。巧みな話術、大胆さ、そして智略である。）

　封建時代の日本で忍が行っていた仕事は数多く知られています。諜報活動、妨害工作、襲撃の指揮、情報収集、暗殺の実行——そして、おそらく最も有用であったのは敵の忍に対する防御でしょう。しかしこれらの目的で忍を利用するにあたり、領主や指揮官ははじめに、今日において経営者や管理者が行っているのと同じことをする必要がありました。すなわち、担当者の募集と雇用です。

　万川集海および義盛百首の多くの部分が、忍を雇うべきである理由、忍の使い方と使い時、そして合格者（ひいては役立つ忍）に求められる資質についての領主へのアドバイスに費やされています。巻物によれば、理想的な忍とは以下のような要素を備えた人物

であったといいます。[1]

知性

優れた記憶力と鋭敏な観察スキル、そして迅速な学習能力を備えた、意志が強く論理的で戦略的な思考を持つ人物

忍耐強さ

模範的な気力と自制心を備えた、思慮深くも決断力のある人物

才能

現場における機知、創造性、勇敢さに優れ、明確な業績を有し、悲惨な状況にあっても勝利へのビジョンを持つことができる人物

忠誠心

誠実で、高潔で、人に優しく、自身の行動に個人的な責任を負う人物

雄弁さ

領主と効果的に、そして部下とは説得力をもってコミュニケーションをとることができる人物

　これらの資質に加えて、指導的地位を求める忍には、有効に優先順位を付け、複雑な戦術を首尾よく実行し、無理強いされた状況でも健全な判断を示す能力が求められました。[2]

　さらに巻物では、不合格にすべき候補者の特性もいくつか挙げられています。これには利己主義者や愚者、不道徳な（たとえば、自身のスキルを個人的な利益のために使用するような）人物の他、アルコールや色情、あるいは利欲に耽溺しそうな人物などが含まれます。[3] また同様に、縁故主義にも問題がありました。忍の村（特に、伊賀や甲賀）に生まれたことに伴う早期からの期待、機会、訓練は、優れた忍になる可能性を高めるものであったかもしれませんが、忍の両親のもとに生まれたからといって成功が保証されるわけではありません。事実、そうした子供であっても、上記のようなマイナスの特性をいくつも有した質の低い候補者になる可能性があったとされています。[4]

　重要なのは、望ましい属性と望ましくない属性を記した長いリストの中で、特定の要求スキルや過去の経験、学歴、社会的血統、地位、肩書き——さらに言えば、年齢や性別についても言及されてはいないということです。忍は実力主義であり、その素質は個人の性格や価値観、資格、そして能力にこそかかっていたようです。

　巻物には候補者の募集、面接、および評価に関する具体的なガイダンスはないものの、

正忍記では人のより深い性質（知識、考え方、信条、欲求、欠点、性格など）を知る方法についてのアドバイスが書かれています。それらは通常スパイ活動やターゲティングに用いられるメソッドですが、採用面接にも役立てることができます。

　一例として、正忍記では対象の候補者が頻繁に出入りしている場所を訪れることで、対象者についてよく知っている地元の人々から情報を収集するよう勧められています。気楽に過ごせる場所であったり、主人や常連客と関係を築いているような場所では、対象者は秘密を明らかにする可能性が高いため、最良の情報が得られるのだといいます。[5]

　また、「人を褒め称えて調子に乗らせる」ことを意味する「**人に車をかける**」というスキルも存在します。これには対象者に質問を行い、その回答を称賛することが含まれ、そうしたお世辞によって質問者は賢くなく、候補者の能力に畏敬の念を示しているかのように見せかけることができます。この手法がうまく実行されると、対象者はリラックスし、自信を高め、自分自身について話すことを楽しむようになるため、あらゆる種類の貴重な情報を聞き出すことに繋がります。たとえば、彼らが気を良くしたところで話題を切り替えると、予期せぬ問いかけに対してどのように反応するかを確認することができます。彼らは自分自身の意見を持っているでしょうか？　それとも、単に他の人々の知恵を繰り返しているだけなのでしょうか？[6]

　味方を募集し、敵を見極めることには、忍の生と死の重みがかかっていました。彼らは相手が自分の生命を委ねるに値するかどうか、あるいは危険な任務の最中に自分の足を引っ張らないかどうかを頻繁に判断しなければなりませんでした。結果として、忍はこれらの手法やその他の心得を習得し、人の能力や知識、性格を目立たず迅速に評価する——いわば、人を読み解く達人になっていったようです。[7]

　この章では、現代の組織の一般的な雇用慣行を見たうえで、忍の知恵を人材の採用および訓練に組み込む機会を確認していきます。多くの採用担当者は（また、歴史上の忍でさえも）、徹底的な面接によって人の適性を評価できると信じているようです。これは時にはうまくいくかもしれませんが、多くの候補者はさまざまな伝達手段や前提条件、人材チェックリスト等により誤ってふるい落とされる可能性があるため、そのような面接に出席する機会を得られません。これらの雇用プロセスを、良い結果を得難い理由の観点から探っていきます。

第18章
第19章
第20章
第21章
第22章
第23章
第24章
第25章
第26章

23.1　サイバーセキュリティ人材

　サイバーセキュリティ分野の爆発的な成長は、必要な業務をすべて実行するのに十分な（そして適切な）人員の採用に問題を引き起こしました。問題の一部はサイバーセキュリティが比較的新しい分野であり、参入にあたっての技術的障壁が高いという事実に由来しているものの、現在の候補者の評価方法にも問題があります。多くの民間企業が採用に重きを置いているのは、履歴書のチェック項目が適切であったり、ホワイトボードパズル（訳者注：人前でコードを書くなど、対面中に行われる技術試験の形式）が得意なだけで、日々の職務を遂行できないような候補者です。候補者、採用担当者、訓練プログラムのいずれも、就職に必要なものに注意を向け、それに応じて各々を位置付けているため、従来の候補者評価メソッドはその有効性を損なっているのが現状です。大学は、基本的なプログラミングスキルをテストするよう設計された FizzBuzz 問題さえ解けないような「コンピューターサイエンス学部卒業生」を量産しています。候補者は、潜在的な雇用主に対して偏った、またはでっち上げの履歴書を提示しています。従業員は、履歴書では見栄えがするものの、仕事の経験や能力とはほとんど関係のない無意味な肩書きを追い求めています。キャリアクライマーたちは、試験前の詰め込み勉強によって IT やセキュリティの資格を取得し（そして多くの場合、すぐにその情報を忘れ去り）、目立つために浅くて無益な記事を公開し、ほとんど関わっていないプロジェクトに自らの名前を追加して特許を申請しているのです。

　こうした雇用の抜け穴をなくすための対策（持ち帰りテストなど）は、オンラインヘルプや完全な盗用によって容易に回避できます。即時面接でのホワイトボードパズルも、かつては斬新でしたが、今ではありふれたものになっています。候補者はそれらを練習したうえでやって来ますし、企業からのリークによる正確な演習を受けている可能性さえあります。たとえ容易に漏洩しないようにしたとしても、これらの評価はいずれも、候補者がサイバーセキュリティの業務で発揮できる能力を正確に測れるものではありません。

　公平に言うならば、候補者の側がサイバーセキュリティの雇用主を疑う理由も同じように存在します。たとえ組織が「サイバー・ニンジャ」の称号にふさわしい、素晴らしい専門家を雇えたとしても、雇用主がそのニンジャを有効活用できるという保証はありません。これはどの業界にも存在するリスクですが、世に知られていない高度な技術職であることや、テクノロジーの進化、従業員のより高度な能力に対するリーダーの認識や

能力発掘の欠如、成功に向けた限りない創造力の重要性など、さまざまな理由によりサイバーセキュリティ企業にとってはいっそう厄介な問題になっています。従業員が優れた業績を上げ、組織のセキュリティに影響を与えるには、罰を恐れたり能力に明らかな妨げを受けることなくスキルを行使できなければならず、そのためにはリーダーの賛同と承認が必要になります。

　サイバー専門家にとって最大手の採用者、雇用主、トレーナーのひとりといえるのが米軍です。米軍ではコンピューターの知識がほとんどないような高校中退者も受け入れており、1年半にわたる訓練を通じて、そうした人々をサイバー戦争における有能なスペシャリストに鍛え上げることができます。もちろんすべての志願者が訓練を通過するわけではなく、複数の要件の層によって不向きな候補者は除外されていきます。これは、万川集海における忍志願者について書かれた慣行とよく似ています。[8]

　軍の採用活動における特徴的なツールのひとつは、ASVAB（Armed Services Vocational Aptitude Battery：武装サービス職業適性バッテリー）テストです。[9] 過去の業績や専門的な資格に重きを置く企業の採用活動とは異なり、ASVAB は志願者の学習能力、適性、および一般的な技術能力を評価するものです。候補者はスコアに基づいて職業区分に割り当てられ、その後の訓練がうまくいけば、成功を収める可能性が高いとされています。ASVAB は軍において非常に効果的ですが、特定のサイバー職では訓練の失敗率が予想外に高く、現場実績が乏しいという報告があることに注意しなければなりません。これは、そうした職において要求される属性が、ASVAB テストには必ずしも含まれないことに起因していると思われます。構造化された軍の世界では、創造的で恐れを知らず、自立した問題解決ベースの思考（つまり、ハッカーと密接に関連したスキルセット）で課題に取り組もうとする人を見極めたり、訓練したりすることは難しい場合があります。

23.2　人材マネジメント

　誰もが自分の組織にサイバーセキュリティの専門家を雇いたがっているものの、その供給は限られています。では、どうすればサイバーセキュリティ人材を獲得できるのでしょうか？　組織はまず、新たな人材を自ら育成していくのか、それとも経験豊富な専門家の限られた供給を求めて他の組織と競争していくのかを決める必要があります。以

下の推奨事項の多くは人材の育成に適したものですが、ハイブリッドのアプローチにも利用できるかもしれません。現在の雇用慣行が破綻しており、すべての判断基準を忘れ去って新しい方法を試す時が来ているということに、多くのサイバーセキュリティ専門家が同意するでしょう。既存の方法に代わるものとして、人材の雇用と維持に関する以下のアプローチを検討してください。

1. **実践面接能力評価の使用を開始します。** 候補者に面接クイズやランダムなホワイトボードパズル、ライブコーディング演習、持ち帰りプロジェクト等を課す代わりに、評価の対象となる実際の職務を行ってもらいます。雇用された場合に働くことになるのと同様の環境および条件の下でオーディションを受けさせます。現在の従業員にも演習を課し、結果を確認し、テストでのパフォーマンスと実際の業績との相関を測定することで、評価をテストおよび検証します。候補者がリークされた演習やコーチングによる利益を得られないように、評価をモジュール式に保ち、定期的に変更します。テストを職務の要求に合わせて最新の状態に保つために、従業員が直面した最近の課題を定期的に統合します。評価においては、30分（候補者がオンライン調査や迅速な試行錯誤を通じて学習するのに十分な時間）以内に志願者の能力を判断できることが理想的です。

2. **ブラックボックス適性バッテリーを実施します。** 候補者にモジュール式でセミランダムな疑似テクノロジーを提供し、それがどのように機能するかを発見してもらうことで、ハッキングやセキュリティ保護を試みられるようにします。この演習は、国防総省のDLAB（Defense Language Aptitude Battery：国防総省語学適性バッテリー）テストに類似しています。[10] 候補者が有する既存の言語の習熟度をテストする代わりに、DLABでは架空の言語を用いることで、候補者が新しい言語を学習する能力をテストします。常に新しいテクノロジーとフレームワークが登場するこのアプローチは、テクノロジーに関して既に話されている言語以上に有用であるかもしれません。ブラックボックステストの主要な基準では、候補者の次のような能力を測定します。

- 架空のテクノロジーの仕様、コマンド、またはマニュアルを迅速に記憶する能力
- 論理と批判的思考を用いて、架空のテクノロジーの問題を解決したり、シナリオをナビゲートしたりする能力

- 架空のテクノロジーのローカルセキュリティを通過するなど、人工的な障壁に対して特定の結果を達成するための機知を発揮する能力

適性は高いものの、職務に必要な技術的スキルが不足している有望な候補者を発見し、雇用できるかもしれません。この場合、候補者に実際の技術的スキルを学ばせるために、費用をかけて長期的な投資を行う必要があることに注意してください。そうしなければ、彼らの高い適性が助けになることはありません。

3. **失格者を見極められるようにします。** ほとんどの組織で実行されている典型的な薬物検査や履歴書チェック、身元や犯罪歴の調査、信用報告書等に留まらず、さらなるチェックを行います。これらは良くも悪くも、人物の性格を常に的確に表すものではないからです。自分自身や他人に害を及ぼすような、不適切な判断を頻繁に下す候補者の特定に真剣に取り組みます。そうした「有害で愚か」な人々であっても、不屈の精神や野心、勤勉さ、生きた才能、あるいは運などといった別の部分の資質によって、学位や資格、優れた成績、クリーンな薬物検査結果、および確かな職歴を有している場合があります。不適切なタイプの人々を不合格にできるように、面接を通して候補者の欲求や動機を精査します。（もちろん、過去にあった有害で愚かな判断は、必ずしも候補者の現在の考え方や性格を表すものではありません。候補者が将来、有害で愚かな判断を下しうるかどうかを示す機会を与えるようにします。）

4. **担当者を訓練して、優れた文化を確立します。** 技術的スキルは教えることができますが、その他の特性を磨き上げるには多大な努力が必要となります。「サイバー・ニンジャ」を志す担当者を特定し、常に挑戦させ、条件を与え、訓練することで、万川集海に記されているような個性の向上を支援します。次の手順を実行するよう担当者に指示します。

- 日々ますます困難になっていくサイバー問題の解決に努める。
- 記憶訓練、自己抑制課題、テクノロジーを中心とした忍耐力の訓練によって精神を磨く。
- 自分で決めたルールによる限定的なサイバー運用状況を作成し、それらのルールに従いながら目標の達成を試みることで、創意工夫を学ぶ。

城塞理論の思考訓練

　あなたが貴重な資産を有する中世の城の支配者であるシナリオを考えてください。あなたが敵の忍者に対する防御のために、忍を雇って訓練したいという意図の公示を行ったところ、膨大な数の志願が集まりました。候補者の資格を証明できる協会やギルド等の組織は確認できておらず、また職業の秘密性から、候補者が過去に仕えていた雇用主の下での経験を確かめることはできません。あなたは忍のスキルを十分に理解していないため、自らテストしたり定量化することはできず、また志願者に忍術の実演を求めると、候補者は拒否するか、もしくは報酬を要求してきます。

　忍を自称する人物があなたの城をうまく守れるかどうかをどうやって判断しますか？　忍が何を行うのかを正確に知らない状態で、忍の経験のない優秀な候補者をどのように特定し、雇用しますか？　本物の忍に接触することなく、そうした適性の高い候補者を訓練するにはどうすればよいでしょうか？

23.3　推奨されるセキュリティ管理策と緩和策

　各推奨事項は、NIST 800-53 標準および NIST 800-16 サイバー従業員フレームワーク[11] を念頭に置いて提示されています。セキュリティ管理策を実装することになる候補者を評価する際には、これらの推奨事項を考慮するようにしてください。

1. 組織でサイバーセキュリティの職務を行うために必要となる知識、スキル、能力を定義します。人材の募集、雇用、および訓練の過程で、（能力ベンチマークや労働力スキル、ミッション要件とともに）それらのニーズに取り組みます。
   [PM-13：情報セキュリティ要員]

2. 次のような要求知識ユニットを確認して文書化することで、「サイバー・ニンジャ」のポジションの雇用要件を定義します。

- 高度なネットワークテクノロジーとプロトコル
- デジタルフォレンジック

- ソフトウェア開発
- コンプライアンス
- コンピューターネットワークの防御
- 構成管理
- 暗号学と暗号化
- データセキュリティ
- データベース
- ID 管理／プライバシー
- インシデント管理
- 産業用制御システム
- 情報保証
- 情報システム
- IT システムと運用
- ネットワークと電気通信のセキュリティ
- 職員のセキュリティ
- 物理的および環境的セキュリティ
- アーキテクチャ、システム、アプリケーションのセキュリティ
- セキュリティのリスク管理
- Web セキュリティ

3. 以下の訓練、認定、およびプロトコルを検討します。

OV-6、ANTP-*、ARCH-*、COMP-1/5/9/10、CND-*、CM-*、CR-*、DS-*、DB-*、DF-*、IM-*、IR-*、ICS-*、IA-*、WT-*、SI-*、ITOS-*、NTS-*、PS-*、PES-1、RM-*、SW-*、SAS-*。

23.4　おさらい

　この章では、忍がスパイ活動を成功させるために必要であると考えていた資質について確認しました。加えて、忍が用いていたとされるいくつかのバックチャネルの面接メソッドについて説明しました。現代において多くの組織で用いられている採用プロセスと、それらが期待されるほど効果的でない理由についても探りました。また、適切な候補者を見極めるためのいくつかの新しいアプローチを挙げました。この章の思考演習は、敵の忍から身を守るために忍を雇う必要があった中世の指揮官と同じように、今日の組織にも関連があるものです。サイバー犯罪者への対策においては、優れた GPA や確かな職歴を有していなかったり、専門家には見えないような服装をした「ハッカーらしき人」を雇うことが、行間に色を塗るような典型的な人物を雇うよりも有効な場合もあるのです。

　そうした才能のある防衛者、あるいは熟練した防衛者を雇用した後は、彼らが規律ある方法で組織を守れるように基準とプロセスを確立することが重要です。明確な目標を設定できる指導者がいなければ、防衛者は怠惰になってゆき、まったく役に立たなくなるかもしれません。次の章では、衛兵所でのふるまいについて論じます。

第18章

第19章

第20章

第21章

第22章

第23章

第24章

第25章

第26章

第24章
衛兵所でのふるまい

敵と対峙していない時でも、油断してはならない。
—— 万川集海　将知五　番所の作法六カ条の事より

番所にて　いましむべきは　高咄　酒もりうたひ　拍女ばくえき
—— 義盛百首　第六十五首
（衛兵所では大声で話したり、酒盛りをしたり、歌ったり、娼婦を連れ込んだり、
博打に興じたりしてはならない。）

　忍の巻物では、標的の周辺の警備員をやり過ごす方法について詳述されています。現場の忍にとって、敵の警備員ほど差し迫った（または煩わしい）障害はありません。巻物では忍に対して、警備員が監視または保護することが容易でない死角で活動するよう教えています。しかし最も悪用しやすい隙とは、不十分な軍事戦略や人員の不足ではなく、警備員の怠慢と規律の欠如から生じるものです。

　巻物では、目に見えて疲れていたり、怠惰であったり、統率が不十分であったり、忍の手法に無知であったり、自己満足に陥っているような警備員を探すことを勧めています。警備員の能力を評価して利用する方法はいくつも存在し、万川集海で推奨されている手法には次のようなものがあります。[1]

- 警備員の近くで囁くことで注意力をテストし、その後の反応を少なくとも 1 時間以上監視して、対応の方法および能力を測定する
- 隠れた警備員からの信号に従って行動している怠慢な警備員を特定し、潜んでいる防衛者（物聞や嗅など）の存在を明らかにする
- 警備員が大声で話したり、絶えず会話したり、過度に飲んだり騒いだりしている衛兵所を狙う（いずれも経験不足または怠慢を示している）
- 警備員が持ち場を放棄せざるを得ないような出来事を待つか、または引き起こす

　また同じ巻物の中で、忍は警備員の品行や行動、態度、行動を観察し、彼らの規律についてより細かく推測するようアドバイスされています。たとえば城の堀やその周囲が清潔で、見通しがよく明るい状態に保たれている場合には、警備員は警戒を怠らず、防御的な衛生状態を守っていると考えられます。しかし、もし一般的に知られているような城の侵入口（隅、水吐き口、下水出口など）が保護されていなければ、それは警備員やその指揮官が義務を怠っていることの表れかもしれません。[2]

　敵の衛兵所に潜入することで、忍は警備における規律やふるまい、そして忍自身の防御能力を改善するための重要な洞察を得ていました。繰り返しになりますが、巻物の中で防御を成功させるうえでの最大の障害として挙げられているのが警備員の怠慢と怠惰であり、またそうした悪徳に打ち勝つ責任は領主や指揮官が負うものであるとされています。指導者が講じる厳格な規律、厳しい訓練、および細部への徹底的な注意によって、警備員は必要な精神的なタフさを獲得し、他の忍を含む敵の脅威を防御できるようになる可能性があるからです。[3] 忍者の詩でも次のように述べられています。「何 事も こころひとつに　きはまれり（何事も、自分自身の精神と考え方によって決定されるものである）」「まのまへに　敵のあるぞと　心得ば　ゆだんの道は　なからまじきを（常に目の前に敵がいるものと仮定しておけば、決して油断することはないはずだ）」[4]

　この章では、忍の時代の衛兵所と、今日における SOC（セキュリティオペレーションセンター）を比較していきます。セキュリティの近代化により、セキュリティ担当者だけでなく、すべての従業員がセキュリティの責任を負うようになっていることについて触れます。外部の脅威アクターが、ネットワーク上の不十分なセキュリティ管理策／プラクティスの検知を可能にしているメソッドを確認します。さらに、セキュリティ担当者と攻撃者の間での直接的なやり取り（特に、攻撃者が SOC ／ IR チケットシステムに侵入できる場合）にまつわる理論など、攻撃者が SOC の警戒度を判断する方法に関する

アイデアを紹介します。最も重要なこととして、セキュリティ担当者のふるまいが非常に重要である理由と、時が経つにつれてその水準が低下していく理由、そして優れたセキュリティ文化を確立する方法についても論じます。

24.1 SOCの問題点と期待される働き

サイバーセキュリティおよびITの担当者は、職務において怠惰、自己満足、怠慢、疲労困憊、あるいは燃え尽き状態に陥りやすいとされています。一体なぜ？ 理由は無数にあります。

最も大きな理由のひとつは、人間性の残念な現実です。誰かが肩越しに見ていなければ、多くの労働者は簡単に職務を怠ります。怠惰なサイバーセキュリティの専門家は十分なカバーを有しており、彼らの仕事は同僚も、上司でさえもほとんど見ることのないものです。多くのオペレーションセンターは鍵のかかったドアの向こうに隔離されているため、そこで従業員が働いていても、くつろいでいても、さらには眠っていたとしても、その違いは誰にもわかりません。彼らのネットワークとマシンは切り離されたVLANまたは「調査」ボックスに存在しており、ログも検査もフィルタリングもなく、自由にインターネットを閲覧することができます。

業界がプロセスに大きく依存していることも、従業員を怠慢または自己満足に陥らせている可能性があります。手続きを繰り返すうちに、セキュリティ担当者は慣れや癖、そして組織を守ることの意味に関する狭まった考えを身に付けていきます。この傾向は日常業務に必要なルーチンに起因するものですが、担当者はやがて高度に専門化された単一ツールまたは単一アプローチの防衛者となり、攻撃者の手法やツールを日常経験の範囲外のものとして捉えないようになります。このような狭まった考え方は、組織に著しいセキュリティギャップを残します。

意欲的な従業員には逆の問題があります。深い専門知識や能力、野心を必要とする競争の激しい分野で働くことは、そうした従業員が燃え尽き状態に陥るリスクを高めます。脅威やインシデントのハンティングに数か月を費やした後は、集中力を失ったり、既知の概念への依存が高まったり、セキュリティシステムやソフトウェアのアラートが発生するまで行動を待つようになったり、特定のセキュリティインシデント発生の報告または修正に必要なことだけが身につく、といった傾向が生じやすくなります。

　コンピューターリテラシーとセキュリティ意識の調停はサイバー専門家だけの仕事ではなく、その責任はすべての従業員が共有するものです。残念なことに多くの組織にとって、技術者以外の従業員の怠惰と怠慢こそが、悪意のある外部の攻撃者以上に大きなセキュリティ上の脅威となっているのです。不注意な従業員はフィッシングメールをクリックしたり、駐車場で見つけた外部 USB ドライブを接続するなどして、会社のネットワークやシステムをうっかり脅威にさらす可能性があります。注意深い従業員も、管理者がセキュリティの警戒と規律を適切に実施していないと、多くの不注意な従業員が報奨されているような文化の中で活動することを強いられます。そうした組織での成功は、燃え尽きたり辞めたりせずに最も長く生き残った従業員が昇進していく、消耗戦のようなものになります。このような環境は有能な労働者の労働倫理、規律、および誠実さを損ない、全体の労働力を低下させるものであり、脅威アクターは警戒の緩んだ従業員が生み出す多くのギャップを悪用することができます。

　従業員の士気やセキュリティ警戒度は指導者の賛同と能力によって大幅に高まるものであり、同様に指導者の決定や組織戦略が不十分であれば、セキュリティ体制は弱まり、従業員の信頼も低下する可能性があります。一般的に、防御における死角や弱点を改善する試みには部門間の協力や共有予算、週末の時間、不便さが必要となり、従業員は不満や抵抗感を抱くようになります。その結果、消耗し挫折したセキュリティエンジニアはセキュリティの改善に関して冷笑的になり、既存の欠陥に対しても見て見ぬふりをするようになります。自組織のセキュリティ体制が事後対応型であり、最初に何か悪いことが起こらない限り改善を許可されないと認知して、インシデントが発生するのを待っている人もいるかもしれません。

　脅威アクターは、外部から観察可能な指標を用いて、組織のセキュリティ警戒度を容易に評価することができます。利用される指標には次のようなものがあります。

- Web サイトのエラーメッセージから漏洩する余分な情報
- ログイン時に漏洩するパスワードポリシーの詳細
- セキュリティポリシーのヘッダーコンテンツの不足
- 不適切な自己署名証明書
- 電子メールの DMARC（ドメインベースのメッセージ認証、報告、適合）／ SPF（送信者ポリシーフレームワーク）の設定ミス
- 不適切な DNS レコード設定
- インターネットに接続されたサーバー、セキュリティ機器、あるいはネットワー

クハードウェア上の管理インターフェースの露呈

- 使用されているテクノロジーのバージョンまたはセキュリティの露呈

　警戒心が欠如していく傾向を打ち消すために、防衛者は絶えず自己評価を行い、改善に努めていかなければなりません。追加のセキュリティを実装した担当者が常に管理者から賞賛または報奨されるとは限りませんが、継続的な警戒は組織の防御の第一線が強力であることや、内部防御がさらに強力である可能性を示す攻撃者へのメッセージとなります。

24.2　ふるまいに影響を与える

　従業員の職場での反応は、彼ら自身の信念や職場の文化、そして彼らが学習してきた時間による条件付けに影響されます。ふるまいの選択的な強化や、有意義なワークフィードバックループの実装によって労働文化を形成することは、従業員の目覚ましい成長を促進するでしょう。防衛者のふるまいはセキュリティニヒリズムとでも言うべき低エネルギー状態に陥りやすいため、（特に正の）フィードバックの欠如はセキュリティにおいて最も対処が難しい問題であるかもしれません。この傾向は、優れたふるまいに対する肯定的な後押しの欠如に起因している可能性があります。おそらくセキュリティ担当者が受け取る入力はコンプライアンス監査と KPI の値のみであり、それらは担当者の行動の有用性を表すものではありません。優れた業績（たとえば、攻撃者に組織の知的財産や金銭を奪われることを阻止するなど）の結果がはっきりと表れるまでには何年もかかることもあるため、その結果を踏まえた評価が難しくなる場合もあります。以下に挙げられているのはセキュリティに関する態度を改善し、優れたふるまいを維持していく方法に関するガイダンスです。

1. **基準を設定し、文化を発達させます。** 米国 DoD（国防総省）では、セキュリティの警戒を優先する文化が育まれています。DoD から他の組織に異動した従業員が、新しい職場でセキュリティの怠慢に遭遇し、カルチャーショックを経験した（そして残念ながら、最終的には自身の基準を引き下げ、新しい文化を受け入れることになった）という話は定期的に語られています。DoD の**サイバーセキュリティ文**

化およびコンプライアンスイニシアチブ（DC3I）[5] を確認し、その中から自組織でセキュリティ警戒の文化を確立するために利用できる要素を判断します。明示的に呼び出せる属性には以下のものがあります。

誠実性

ミスが発生した場合には報告するよう担当者に促します。たとえば、誤ってネットワークのセキュリティを危険にさらした従業員が、失業を恐れてインシデントを隠そうとするようなことがあってはなりません。むしろ彼らが安心して自分たちのミスを認め、組織のセキュリティギャップの補強を助けられるような環境が必要です。

能力

サイバー空間で活動するすべての人に向けた基本的な教育基準を確立します。全従業員の日頃のふるまいを知らせ、人々がセキュリティリスクを特定できるようにし、継続的なサイバーセキュリティ教育を通じてスマートな意思決定を促進する必要があります。組織の中核的能力を確立することは、能力を示さない人物が特定のポジションを保持するのを防ぐことでもあるという点に注意してください。

プロフェッショナリズム

優秀さの基準と警戒の文化を維持するために、担当者が自身の仕事に責任を持ち、近道をしないことを求めます。

探求的態度

物事をそのまま受け入れるのではなく、観察結果に疑問を抱き、分析し、解釈できるような人々を雇います。担当者がすぐに発言を却下されたり、馬鹿にされたりすることなく、安心して発言できるようにします。

2. **規律を施行します。** セキュリティの怠慢は、複数の人々の業績や製品に影響を及ぼし、組織全体をリスクにさらすものです。万川集海の「番所の作法六カ条の事」では、「厳格な規則を遵守する必要があり、もしも警戒を怠る者がいたならば、厳しく罰せられるべきである」と述べられています。[6] ユーザー、セキュリティ、IT、指導者によるサイバーセキュリティ違反、および無警戒な慣行を特定して罰するための正式な手順を確立します。セキュリティインシデントが生じた際に、CISO（最高情報セキュリティ責任者）などの担当者をスケープゴートにしてしまわないようにします。その選択は、すべての従業員が責任を感じる文化を損なう

ものです。

3. **正式なプロセス、手順、コンプライアンスを確立します。**セキュリティチームに守らせたいタスク、ルール、ポリシーを特定し、文書化し、普及させます。従業員がそれらの基準に従っているかどうかを判断する方法を決定します。提出されたチケットの数や調査されたセキュリティインシデントの数などの浅い KPI（重要業績評価指標）は、仕事を有意義に判断できるものではないため、使用を避けるようにします。セキュリティへの理解と注意を持ち、警戒の構築に時間を費やし、違反を特定することができる人物を指導者に任命します。

4. **代理関係と雇用契約を推進します。**企業の従業員の多くは、仕事に従事しているという実感を抱いていません。彼らは意思決定に参加せず、組織の利益のために行動せず、会社の成功（または彼ら自身）のために投資されることもありません。退屈はセキュリティにおける一般的な問題であり、多くの場合担当者が予防的なセキュリティ行動をとるのを思いとどまらせたり、意欲を削いだりしている障害を取り除くことで軽減できます。セキュリティ担当者が以下のことをできるようにして、権限を与えます。

- 新しいセキュリティ管理策、ルーチン、概念を試す
- 新しいテクノロジー、手法、ツールを学ぶ
- 自身の仕事に意味を見出す
- キャリア開発や昇進への道など、良い結果を体験する
- 戦略的リスク決定に参加する
- ブルーチームとレッドチーム（たとえば、パープルチーミング）などのシミュレーションと演習を実施して、相互に有意義なインプットを提供できるようにする
- セキュリティ上の欠陥の発見に成功したことを祝う

城塞理論の思考訓練

　あなたが貴重な資産を有する中世の城の支配者であるシナリオを考えてください。あなたが城の見回りをしていると、いくつかの衛兵所において槍の配置が奇妙であることに気付きました。あなたは夜警を行う警備員の一部が、持ち場で起きて直立しているように見せかけながら、槍で体を支えてリラックスしたり眠ったりする方法を編み出したのではないかと考えます。警備員が眠っている（またはその他の不正行為を行っている）という報告は受けておらず、認識している直近のセキュリティインシデントもありません。

　セキュリティ、プロセス、および人員に改善を加えるための対策を講じる前に、掴んでおくべき証拠はありますか？　どうすれば警備員の警戒心を測定できますか？　警備員がシフト中に眠らないようにするには、どのようなセキュリティ情報を調査させればよいでしょうか？　警備員の注意力と雇用関係を改善する方法について、正直なフィードバックを求めるにはどうすればよいでしょうか？　一人の警備員が、あるいは連隊全体が夜警の最中に眠っていた場合、どのように罰しますか？警備員が罰を恐れることなくあなたに不正を伝えられる環境を作るために、どのようにして信頼と誠実性の文化を確立しますか？

24.3　推奨されるセキュリティ管理策と緩和策

　各推奨事項は、必要に応じて NIST 800-53 標準の該当するセキュリティ管理策とともに提示されており、衛兵所でのふるまいの概念を念頭に置いて評価する必要があります。

1. セキュリティの訓練、手順、および行動規則を開発して文書化し、すべての担当者に提供します。開発、IT、セキュリティ、指導的地位など、重要なセキュリティ責任を持つ役職のための特殊なトレーニングと手順を作成します。セキュリティポリシーと手順に従わない担当者には、厳格な懲戒処分を実施します。
   [AT-1：ポリシーおよび手順／ AT-2：セキュリティ意識向上トレーニング／ AT-3：役割ベースのセキュリティトレーニング／ IR-2：インシデント対応トレーニング／ PL-4：行動規範／ SA-16：開発者が提供する訓練]

2. 特化したセキュリティ評価やスキャン、侵入テスト、レッドチームを用いて、セキュリティの応答性、姿勢、およびツールの機能について業績ベースのテストを実施します。このアクティビティは、守られていないプロセスまたは手順、セキュリティの死角、および無警戒な担当者を特定するものです。

   [CA-2：セキュリティ評価｜（2）特殊な評価／CA-8：侵入テスト／IR-3：インシデント対応のテスト／RA-5：脆弱性スキャン／SC-7：境界保護｜（10）不正な情報の引き出しを阻止する／SI-4：情報システムのモニタリング｜（9）モニタリングツールのテスト／SI-6：セキュリティ機能の検証]

3. セキュリティ担当者の知識、スキルセット、および能力を継続的に向上させるための訓練プログラムと演習を作成します。

   [CA-8：侵入テスト／IR-3：インシデント対応のテスト／PM-12：インサイダー脅威に対する対策／PM-13：情報セキュリティ要員／PM-14：テスト、トレーニング、およびモニタリング／PM-16：脅威意識向上のためのプログラム]

4. セキュリティ担当者が、セキュリティ向上のために変更する必要のある構成および管理策を決定できるようにします。システムの所有者、保守担当者、開発者に負担をかけ、セキュリティ担当者が推奨する変更を実装できない理由について、証拠に基づいた強固な主張を提供します。

   [CM-3：構成変更管理]

5. セキュリティ担当者の苦情に対処するためのポリシーとプロセスを実装します。このフィードバックは、不適切な管理策を修正またはロールバックすることにより、セキュリティのプロセスを改善するのに役立ちます。また、影響を恐れることなくセキュリティ上の懸念を特定し、セキュリティ担当者に警告する方法をユーザーに与えるものでもあります。

   [IP-4：苦情対応]

6. セキュリティ担当者に OPSEC（運用セキュリティ）の実践を要求し、主要な運用、構成、および展開情報を保護しつつ、セキュリティの防御をテストしている可能性のある攻撃者に OPSEC を悟られないように注意を払います。

   [SC-38：運用上のセキュリティ]

24.4　おさらい

　この章では、忍が警備員と衛兵所を調査し、標的のセキュリティ基準（またはその欠如）に基づいて侵入の機会を評価していた方法を見ていきました。今日と同じように、数百年前にも警備員が職務において自己満足に陥ることはありふれており、熟練した侵入者はその自己満足を利用していたということを確認しました。加えて、文化によって組織の自己防衛能力が形成されていくことにも触れました。この概念は、忍の哲学において最も重要でした。そして忍の文化を現代の SOC や情報セキュリティの労働文化と比較し、今日のサイバー攻撃者に悪用される可能性のある問題点を挙げました。また、優れたセキュリティ文化を確立および維持するための、いくつかのメソッドとベストプラクティスについても述べました。

　次の章では、忍にとっての「見知らぬ人は危険」の概念——つまり、疑わしい相手の接近を許可しないという原則について説明します。このメッセージを繰り返してセキュリティの文化を作り上げつつ、疑わしいイベントが悪意のあるものへと転じるのを防ぐための厳格な管理策を実装することは、組織のセキュリティの優秀さを示すことに繋がります。

第25章
ゼロトラストの脅威管理

あなたが奥から部屋に入った場合、室内に眠っていない人物がいたとしても、
あなたを侵入者として疑うことはない。
奥からやって来る人物は、盗人や襲撃者である可能性を考慮されないからだ。
—— 万川集海　陰忍三　必ず入ることが出来る所の四カ条より

他国より　くる人ならば　しんるいも　番所に近く　寄すべからざる
—— 義盛百首　第九十三首
（他の地方から来た人物は、たとえ親戚であろうとも、
衛兵所に近寄らせてはならない。）

　封建時代の日本では、活気のある軍営や城の内部または付近で、旅の商人や僧侶、神主、芸人、乞食などといった部外者が活動することは一般的であり、野営中の兵士たちは彼らのサービスを頻繁に利用していました。[1] しかしながら、そうした部外者の一部は、兵士たちの敵対者によって情報収集のために雇われた秘密工作員でした。中には変装した忍が紛れていることもあり、彼らは城への接近に乗じて標的のことを調べたり、標的と交戦したり、情報を集めたり、陣地に侵入あるいは攻撃するなどしていました。[2]
　万川集海では、軍の指揮官がそうした脅威を阻止する方法について述べられています。

最も効果的なアプローチは、陣地の付近での疑わしい活動や交流を禁止することです。疑わしい活動が悪意のある脅威へと転じる機会を減らすために、いかなる時も疑わしい人物が城や陣地に立ち入ることを許可してはならないという警告を、巻物では「復唱させてすべての人に厳しく徹底させるべき」方針として論じています。[3] 訓練された規律ある軍隊は、信頼できる商人だけに野営地の内部または付近での活動を許可し、未知の商人や信頼できない商人がそうした場所でサービスを提供することを積極的に阻止していました。忍は大まかな活動方針として、知らない相手を信用しないようにしていました。[4] さらに万川集海では、信頼できる商人や売り手が小屋や店の防火を行うのを支援するよう忍に勧めています。事故であれ放火であれ、火災がそれらの店から野営地へと広がってくるリスクを軽減するためです。[5]

　この章では、「悪意のあるものだけをブロックする」モードについて確認します。このモードは、悪意があると示された新しいドメインや IP、URL、ファイル等を際限なく追跡する可能性があります。多くの組織（およびセキュリティ業界）が「疑わしいものをすべてブロックする」活動モードを採用せず、この終わりのない脅威フィードを追うことを選んでいる理由の一部を探ります。また、この逆のアプローチに伴う技術的な問題に対処するための戦略とガイダンスを概説します。さらにこの章の城塞理論の思考訓練では、内部担当者がこの「疑わしいものをすべてブロックする」セキュリティ管理策の回避を試みる方法について探ります。

25.1　脅威の機会

　サイバーセキュリティの観点から、野営地があなたの組織であり、その境界線を越えてくるすべての人（商人や芸人など）が、インターネット上で利用できる多数の外部サービスおよびアプリケーションであると想像してください。担当者の仕事に役立つ外部サイトへの正当なビジネス相互接続はすべて、疑わしいエンティティが組織と接続し、通常のビジネスを装って活動する機会を与えるものです（言うまでもなく、従業員が休憩中にチェックするニュースやソーシャルメディア、娯楽等のサイトについても同様です）。初期アクセスや配信、悪用などを実行しようとする脅威アクターは多くの場合、それらの外部通信機能がチャレンジや検査、およびフィルタリングを受けないようにする必要があります。その後の攻撃戦術についてほんの数例を挙げると、担当者がアクセスする

Web サイトでドライブバイ型の侵害を行うことや、リンクと添付ファイルを含むスピア
フィッシングメールを従業員に送信すること、信頼されない IP から環境のネットワーク
スキャンを実行すること、あるいは C2（コマンドアンドコントロール）サイトを用いて
情報を取得し、侵害しているマシンに植え付けたマルウェアに指示を送ることなどが含
まれます。

　これらの攻撃に対抗するために、サイバーセキュリティ業界では既知の信頼できる、
検証済みの第三者ビジネスエンティティ（アソシエイトやパートナーなど）への適切な通
信をホワイトリスト化するための機能的なセキュリティ管理策、ポリシー、およびシス
テムを確立しています。組織がドメイン名や IP ブロック、ネームサーバー、電子メール
アドレス、Web サイト、および認証局のホワイトリストを作成することで、担当者は信
頼できるパートナーとのみ通信できるようになり、逆に担当者への連絡を行えるのもそ
れらのパートナーのみとなります。そうした厳格なホワイトリストの条件下では、脅威
アクターは組織の侵害を試みる前に、まず信頼されているパートナーへの侵入に時間、
リソース、および集中力を費やす必要があります。

　しかしながら、技術的な問題が解決されても人的な問題は残っています。娯楽やニュー
スだけでなく、外部との関係による刺激を求めることも、人間性の一部といえます。し
たがって「疑わしいものをブロックする」ポリシーの実施には、組織のすべての部分にわ
たって重要な文化的および行動的変化を導くだけの気力が要求されるため、管理者にとっ
ては難題となる可能性があります。

　たとえば、組織のインターネットトラフィックの大部分が、従業員による娯楽サイト
での動画ストリーミングによるものであることがわかったとします。あなたはこのアク
ティビティが彼らの職務に沿うものでないことに気付き、レイヤー 7 検知ツールを用い
て、主要な娯楽サイトが組織のネットワークに入ってくるのをブロックすることにしま
した。

　この合理的な措置はビジネス上のニーズや、文書化された IT ポリシーに沿ったもので
あるかもしれませんが、このプロセスを経た多くの組織はその判断を後悔することになっ
ています。おそらく従業員は問題のあるトラフィックのブロックを解除するように訴え
てくるか、もしくは社会的圧力をかけてくるでしょう。また一部の従業員は確実に、暗
号化技術やトンネリング技術、プロキシ回避、あるいは同様のコンテンツを含みつつフィ
ルターを回避できる娯楽サイトへのアクセスを介して、ポリシーの回避を試みるでしょ
う。これらの行動は、組織のネットワークとシステムをより大きなリスクにさらすもの
です。

　一般的な解決策のひとつは、従業員が個人の機器で動画をストリーミングできる非ビジネスのインターネット（BYODネットワーク）を提供することです。従業員がインターネット検索や休憩の際に使用でき、ビジネス機能には使用できないような独立状態のマシンを設置することも可能です。米国DoD（国防総省）でもこのアプローチが採用されており、従業員にNIPRnet（非分類インターネット）アクセス用の独立した専用システムを提供しています。情報フロー制御のため、このシステムはネットワークガードによって物理的および論理的に隔離されています。[6]DoDではNIPRnetにさらなる対策を講じており、既知の悪意のないインターネットリソースはすべてホワイトリストに登録する一方で、疑わしい、または少なくとも不要であると思われる大きなIPブロックやASNは拒否しています。

　過去10年以上にわたり、各組織は既知の悪意のあるIP、ドメイン、およびURLの脅威フィードを絶えず利用してきたため、既知の**悪意のあるもの**をブロックすること（ブラックリスト化）は容易です。**疑わしいもの**をブロックするようにすると、未知の悪意のあるトラフィックが侵入してくるのを防ぐことができますが、これは組織にとって（多くの場合、正当な理由により）かなり難しい方針です。担当者が使用するであろう既知の安全なインターネットリソース、サイト、およびIPをすべて網羅したマスターホワイトリストの作成は困難を極めるでしょう。繰り返しになりますが、これら脅威シナリオをブロックして防ぐためのポリシーを積極的に確立していく組織として、DoDは理想的な実践者です。またDoDでは、OPSECのポスターや必修訓練、システム使用条件、および明確なシステム警告ラベルを通じて、担当者がポリシーや管理策の抜け道を求めないよう常に注意を促しています。そうした傾向は、組織のネットワークやシステム、および情報セキュリティを危険にさらしかねないものです。

25.2　疑わしきはブロックする

　「見知らぬ人は危険」は、多くの子供たちが幼い頃に学ぶ単純な概念です。子供への潜在的な脅威は、見知らぬ人の接近を一切容認しないことで回避できます。「見知らぬ人は危険」は完全な戦略ではありませんが、既知のエンティティ（見知った人）のすべてが信頼できると検証されている場合には効果的です。この戦略の利点は、前もって疑わしいと認識されている脅威に対応するために、追加のセキュリティレイヤーに頼る必要がな

いことです。いったん悪意のある脅威にやり取りを許してしまうと、子供たちや多くの組織は無防備になるため、「疑わしいものをすべてブロックする」セキュリティポリシーを適用することが、彼らにとって最初で最後の防御になるかもしれません。以下に挙げているのは、これらの概念を組織の環境に適用する方法に関するガイダンスです。

1. **識別、認識、理解を実践します。**疑わしいサイトはブロックする必要があるという考え方を関係者に示します。出発点としては、イランや北朝鮮（175.45.178.129）などにある、認識されているものの組織の脅威となる可能性は低そうなサーバーに対して ping や外部 DNS クエリを実行することをお勧めします。正常な応答を受信した場合、あなたが正当なビジネス上の理由なく疑わしいシステムと通信を行うのを、組織のネットワークが許可したということになります。このネットワーク探査は通常機能します。組織は「疑わしいもの」ではなく「悪意のあるもの」のブロックを実行する傾向があり、またこれらの国では既知の IP がマルウェアをホストしたり、インターネット空間から攻撃を実行したりした例がないため、既知の悪意のある脅威フィードに置かれていないのです。

    これでブロックすべき対象の証拠が得られたので、セキュリティチームにファイアウォールの変更を要求すれば、組織はその単一の IP か、もしくはそれが属するネットブロック（/24）をブロックできるようになります。ただしこの場合、1,430 万件を超える IPv4 の /24 サブネットを評価してブロックしなければならないことに注意してください。また当然ながら、インターネットを包括的にカバーした疑わしいもののブロックリストを適用するための時間、意志、またはリソースを組織が有していない可能性もあります。このアプローチの代わりに、ホワイトリストの文書化から開始することもできます。これにより誤検知が生じるようになる可能性がありますが、同時に悪意のあるものや疑わしいもの、さらには将来の／未知の悪意のあるものまでブロックできることを理解しておく必要があります。

2. **ISAC（情報共有分析センター）に参加するか、自ら作成します。**ISAC に参加するか自ら作成して、従業員がビジネス機能に利用するうえで信頼できるサイト、IP、およびドメインに関する情報を同じ業界の他企業と共有することで、組織のマスターホワイトリストを作成する負担を軽減します。インターネットのマスターホワイトリストを作成するためのプロファイリングシステムの開発は、企業にビジネスチャンスを与えます。組織はそれらのホワイトリストを利用して、遭遇する

疑わしいサイトの数を制限し、安全なネットワークの構築と保守をより容易にすることができるでしょう。

3. **相互保証を求めます。** 自組織が取引を行っている信頼できる外部エンティティとの間で、相互脆弱性スキャンとレッドチーム演習を実施します。このアプローチは、信頼できる商人の建物の防火を支援し、相互保護を行うよう助言する万川集海の勧めと一致するものです。信頼できるエクストラネットに属する組織や、直接の相互接続を行う組織、または通常のセキュリティ管理策をバイパスする別の直接トンネリング技術を使用する組織のために、この対策を用意しておきます。

城塞理論の思考訓練

あなたが貴重な資産を有する中世の城の支配者であるシナリオを考えてください。あなたは城壁のそばで見知らぬ人々が野営したり、歩き回ったりしながら、商売を行っていることを知りました。あなたはそれらの商人の多くを認識しておらず、また警備員は彼らの存在によって気を散らされるうえに、城の付近で活動している潜在的な敵の密使の特定が困難になっていると訴えてきました。あなたは城の付近での野営を禁止し、大きく明確な境界線を作成しましたが、その数週間後には指揮官からの報告で、兵士たちが孤立を感じていることがわかりました。さらに、商人たちは禁止を回避するために夜中に城へと接近し、隠れた場所にいる兵士に商品を素早く販売しているといいます。これによって兵士が門限を過ぎてから外出したり、未知の人物が密かに城に接近したときに、警備員が敵と味方を見分けづらくなる事件が何度も起きています。

こうした深夜のやり取りを防ぐために、禁止令にどういった調整を加えればよいでしょうか？　組織に害を与えることなく「疑わしいものをブロックする」ポリシーをより適切に実施するために、どのような追加のポリシーまたは罰則を実装することができますか？　敵の忍が密かに侵入や攻撃を行う機会を与えることなく、城の付近に見知らぬ人を受け入れるにはどうすればよいでしょうか？

25.3　推奨されるセキュリティ管理策と緩和策

　各推奨事項は、必要に応じて NIST 800-53 標準の該当するセキュリティ管理策とともに提示されており、「疑わしきはブロック」の概念を念頭に置いて評価する必要があります。

1. ユーザーがビジネス外の理由でインターネットに接続する場合や、担当者に外部インターネット接続用の追加の専用ワークステーションを提供する場合のために、BYOD（Bring Your Own Device：個人所有機器の持ち込み）ポリシーを実装します。
   [CA-3：システムの相互接続｜（1）非機密扱いの国家安全システムへの接続／SC-7：境界保護｜（1）物理的に切り離されたサブネットワーク]

2. 着信と発信の両方の接続について、ホワイトリストを確立し、文書化された例外を除くすべてのものを拒否するようにします。
   [CA-3：システムの相互接続｜（4）パブリックネットワークへの接続｜外部のシステムとの接続制限／ SC-7：境界保護｜（5）デフォルトで拒否 / 例外的に許可]

3. 類似する組織と情報を共有して、マスターホワイトリストを作成します。
   [PA-4：外部関係者との情報共有]

第18章
第19章
第20章
第21章
第22章
第23章
第24章
第25章
第26章

25.4　おさらい

　この章では、要塞の忍の指揮官が、敵の忍による仕事を大幅に困難にするセキュリティ
ポリシーを採用していた方法について見ていきました。また現代の組織が同様の戦略を
採用することの難しさについても論じ、ネットワークセキュリティで同様のアプローチ
を試みるにあたって、組織が克服しなければならない課題にも触れました。「疑わしきは
ブロック」の概念をガイダンスとして適用する方法について、いくつかの考え方を探求
しました。

　次の章では、これまでの章で学んだ概念を脅威情報に適用するためのまとめを行いま
す。この最終章は本書の要であり、忍について学んできた内容のすべてを、これまでの
章で遭遇してきた実際のサイバー脅威と結び付けていきます。

第18章

第19章

第20章

第21章

第22章

第23章

第24章

第25章

第26章

第26章
忍のスパイ技術

確実に侵入するための秘術とは欺瞞の計略であり、臨機応変なものである。
したがって、基本的には昔の名将に仕えた忍の古い手法を取り入れるべきであるが、
それらを維持することだけでなく、時と場合に応じて作り替えることも忘れてはならない。
── 万川集海　陽忍上より

さわがしき　事ありとても　番所をば　立のかざりし　物とこそきけ
── 義盛百首　第六十六首
（外が騒がしくても、衛兵所を完全に無人にしてはならない。また、あらゆる物音に耳を
澄ます必要がある。）

　忍は城やその他の要塞を守るために雇われることもありましたが（正忍記に記述があ
ります [1]）、封建時代の日本において衛兵所のほとんどを占めていたのは忍以外の兵士や
傭兵──つまり、一般的な侵略者を撃退するように訓練された戦士たちでした。しかし
万川集海と軍法侍用集では、忍に対する防御のために自ら忍を雇うことを指揮官に助言
しています。忍の心得を有する戦士が通常の警備員を訓練することで、忍の秘密の TTP
を特定できるようになるからです。[2] 巻物には多くの TTP が記載されているものの、そ
れらは絶えず開発され、磨き上げられており、さらにそれぞれの氏族が他の忍に知られ

ていない独自の秘術を有していました。

　忍の TTP は巧妙かつエレガントであり、多目的に使えるものが多々ありました。たとえば、忍は密かに普通の傘を地面に突き刺し、それを城の警備員に見える位置で開くことがありました。傘の下に配置したものを警備員の視界から隠せるだけでなく、傘を開いた人物がそこにいると思わせることで、警備員を持ち場から引き離せる可能性もあったからですからです。[3] この手法は、傘を忘れたり紛失したりするとかつての持ち主に取り憑かれて祟られるという、当時一般的だった迷信を活用するものでもありました。この現象には**付喪神**、**傘おばけ**、**妖怪**など、さまざまな呼ばれ方があります。[4]

　警備員を指導するために雇われた忍は、独特の教育的課題に直面していました。TTPを書き留めたり部外者と共有したりすることは、スキルの完全性を損ない、他の忍の命を危険にさらすことに繋がるため、タブーと見なされるか完全に禁止されていたのです。巻物の一部の箇所では忍に対し、TTP を知ってしまった目撃者や被害者を殺害することまでアドバイスされています。[5]

　そのため忍は特定の手法を教えるのではなく、心構えや高い意識を持ち、忍を捕らえるために必要となるレベルの精査を行うことを強調していました。[6] この精神的なスタンスは、警備員の陣容や、敵にまつわる知識、および敵が展開しうる最も現実的かつ影響力のある脅威シナリオのリスク評価の実施によって強化されていました。忍はその活動能力における一般的な感覚と、さまざまな脅威シナリオの例を警備員に提供していたようですが、その説明は企業秘密を完全には開示しない方法で行われていたものとみられます。[7] 彼らは警備員に忍の活動の可能性を示す指標（光景や音など、見張りの際に探すべき観察可能な要素）を教えるとともに、間違いを避けるためのルールを確立していました。[8]

　学ぶべき項目は無数にあり、また訓練を受ける警備員の多くは正式な教育を受けていなかったため、忍は詩を介して知識を伝えることで、情報を覚えやすくしていました（義盛百首の中で、警備員の意識に関する詩が数多くみられるのはこのためです。それらは忍自身のためではなく、忍が警備員へ伝えるための詩でした）。繰り返しになりますが、詩は忍の戦術を説明するのに十分な詳細と現実的なガイダンスを提供しつつも、その情報量によって警備員を圧倒することはありませんでした。たとえば第六十六首（この章の冒頭で引用したもの）では、「持ち場を無人にせず、また最初に注目を集めた騒音にだけでなく、奥から接近してくる足音などのあらゆる音に耳を澄ます」という簡単なアドバイスが提供されています。[9] 詩はテーマ別にグループ化されており、第六十四首から六十七首と七十八、七十九、九十一、九十三、九十四首はすべて、意識の維持と失敗の

回避に関する戒めを取り扱っています。戒めには疲れた状態で夜の見張りを続ける方法や、向くべき方向、そして勤務中に酒を飲んだり歌ったり娼婦を誘ったりすることが好ましくない理由も含まれています。

　もちろん、警備員が積極的に忍の TTP を探していることに気付くと、敵の忍もまた対策を展開していました。3 つの主要な巻物すべてに見られるわかりやすい例として、忍は茂みや背の高い草に隠れたり、地面を這ったりしていました。忍の活動は周囲の虫の妨げとなり、虫たちは動きを止めて静かに身を隠すようになります。訓練を受けた警備員にとって、虫の羽音や鳴き声がないことは、隠れている人物の接近を示すものです。通常、警備員が突然警戒して侵入者を探し始めた場合、忍は自身が気付かれていることを悟って静かに撤退していました。[10] そこで対策が行われることになります。次の試みの前に、忍は箱の中に数匹のコオロギを捕獲しておきます。コオロギは自分たちを運んでいる忍の存在を気にすることなく自由に鳴き、衛兵所に接近する忍の周囲の沈黙を埋めてくれます。これにより、警備員が忍の接近を疑う理由はなくなります。[11]

　第六十八首「夜廻の　とほる跡より　まはすをば　かまりつけとぞいふならひける」（夜の見回りを行う部隊の後について行き、徹底的な調査を行うべし。これを蟠り付けという）[12] は、TTP の検知と対策の課題を鮮明に示しています。夜の間、指揮官は通常の提灯などの装備で周囲をパトロールする一次捜索隊を派遣していましたが、指導者はメインのグループの後を追うようにさらに秘密の捜索隊を送っていました。[13] 忍のアドバイザーは外縁部をパトロールする警備員に対して、場違いなもの（特に音、動き、人）を探すように命じていました。[14] もちろん、敵の忍もこのガイダンスを認識していました。巻物には、攻撃を行う忍が仕事を終えるまでの間、通過するパトロールをやり過ごすための茂みや溝などの暗い場所に隠れる方法が記されています。[15] しかし場合によっては、敵はパトロール隊を追跡することで、自身の動きを警備員の出す音と光によって覆い隠すこともありました。さらには、侵入者が背後からパトロール隊を攻撃することさえあったようです。[16] したがって、第一のパトロール隊の後ろで第二の、秘密のパトロールを行うことで、隠れた敵の忍を捕らえられるようになりました。この重武装部隊のグループは、隠れられそうな場所を捜索しつつ、メインのパトロール隊を追跡してくる敵への警戒も怠りませんでした。[17] ところが蟠り付けの手法を知っている攻撃側の忍は、カウンターへのカウンターとして、隠れた第二パトロール隊が通過するのを影の中で待ったり、第二パトロール隊が捜索しないような場所へと移動したりする場合がありました。これに対抗するために（つまり、カウンターへのカウンターへのカウンターとして）追加されたのが、第六十九首と第七十首です。[18]

● 第六十九首

「夜廻の　とほる跡こそ　大事なれ　かまりつけをば　いくた
りもせよ」

（夜の見回りが行われた後で、蟠り付けを何度も行うことが重要である）

● 第七十首

「かまりつけは　だんだんに行　廻こそ　敵のしのびを　見つく
ると聞く」

（蟠り付けを行う際には、間隔を置いて何周もすることで、敵の忍を見つけられる
のだと言われている）

　このガイダンスは、一貫性のないリズムで蟠り付けパトロールを行い、攻撃者が自由
に活動する能力を阻害することを勧めるものです。ひとつ以上の蟠り付け部隊による頻
繁かつ予測しにくい後追いパトロールは、要塞または防衛中のパトロール隊に対して、
敵の忍が大胆な行動を起こせる機会をほとんど残しませんでした。[19]

　TTP の検知と対策に関するベストエフォート（最善努力）のアプローチは急速にエスカ
レートしていく可能性があるものの、最終的には要塞への攻撃は危険すぎるか、または
現実的でないと見なされるようになります。これは多くの場合、敵の忍に対して防衛者
が期待できる最高の結果です。

　この章では、忍のスパイ技術の背景にある哲学を、サイバー脅威アクターの TTP の理
解に適用する方法について論じます。情報主導の防御によって一般的な城の警備員や兵
士をうまく役立てていた忍のように、サイバー脅威情報によってインシデント対応者や
セキュリティエンジニア、脅威ハンターを導くことで、組織をより適切に守ってもらう
方法について触れます。サイバー脅威の TTP を表すために用いられる一般的なフレーム
ワークのいくつかを見ていきます。これらのフレームワークを忍の知識と融合させるこ
とで、脅威のあり方と、TTP が役立つ理由を理解しやすくなります。多くの場合 TTP の
P（手順）が謎に包まれており、今後も未知のままであると思われる理由を論じつつも、
私たちが忍の活動を知った方法に基づいて、合理的な攻撃者が用いる可能性のある手順
について理論化します。最後に、サイバー脅威情報を組織の防御戦略に組み込む方法に
ついてのガイダンスを見たうえで、その実践が非常に困難である理由に触れます。

26.1 TTP（手法、戦術、手順）

　サイバーセキュリティにおける TTP とは、特定の脅威アクターまたはグループのふるまい、活動、およびメソッドのパターンを分析するためのアプローチを説明するものです。**戦術**は偵察や水平移動、バックドアの展開など、攻撃者の作戦機動を説明します。**手法**は攻撃者がタスクを達成するために用いる詳細な技術的メソッドであり、特定のツールやソフトウェアを武器にしたり悪用する、といったことを含みます。**手順**は標準的なポリシーと実行する一連のアクションを詳述するもので、悪用する標的システムで追加のタスクを実行する前にアクティブユーザーがログインしているかどうかを確認することや、マルウェアを展開する前に文字列分析を行って活動に誤りがないかチェックすること、あるいは標的ボックスの接続を検証した後で予防的なセルフクリーンアップを実行することなどが含まれます。

　TTP が識別および定義されると、防衛者は環境内でそれらの指標を探せるようになります。また、先制的な緩和策や対策の計画と実装を支援するために利用できそうな TTP を予測することも可能になります。サイバー攻撃者の TTP の一般的な定義を確立して伝達するために、業界では複数の概念、モデル、分析、および共有メソッドが開発されてきました。以下はその一例です。

- 痛みのピラミッド [20]
- ATT&CK ™フレームワーク [21]
- 攻撃ライフサイクルモデル [22]
- サイバーキルチェーンフレームワーク [23]
- 侵入分析のダイヤモンドモデル [24]
- STIX（Structured Threat Information eXpression：構造化脅威情報表現）[25]

痛みのピラミッド

　痛みのピラミッド（図26-1参照）は、攻撃者の指標、ツール、およびTTPへの認識が防衛者のセキュリティ態勢に及ぼす影響を視覚化するための優れたモデルです。また、防衛者と攻撃者の双方にとって、施策および対策の実装が難しくなっていく様子も示されています。

　痛みのピラミッドという名称は、次のような考え方を示すものです。絶対的なセキュリティを保証したり、すべての攻撃を防いだりする方法は存在しないものの、あなたの組織を狙って時間、リソース、努力を費やすことが攻撃者にとってきわめて苦痛であるようにしてやれば、攻撃者があなたの組織を標的にする可能性は低くなります。

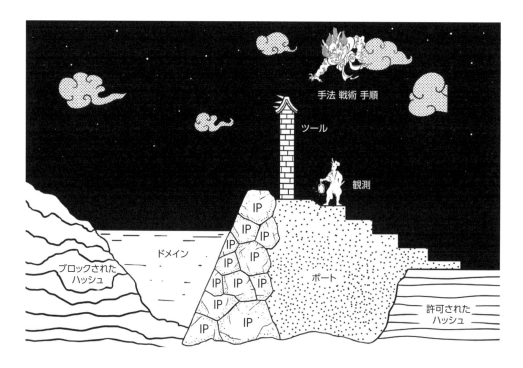

図26-1　侵害の指標による強化（David Biancoの痛みのピラミッド[26]を改変）

　ピラミッドの下部にはドメインやIP、ファイルハッシュ、URLなどといった侵害の指標（IoC = Indicators of Compromise）があり、既知の悪意のある指標を明確に識別できます。防衛者はこれらの指標をブロックしたり、周囲にアラートを発することができますが、攻撃者もこれらを変更することができます。

　それらの極小の指標の上には、レジストリキーやドロップされたファイル、アーティファクトなどといったホストベースの指標があります。これらは検知や対応が可能ですが、脅威の検知や軽減は自動的に行われない場合があり、また攻撃者は標的や活動に基づいてこれらを作り変えることができます。

　次のレベルはツール、すなわち攻撃者が攻撃行動を実行または支援するためのソフトウェアや機器です。防衛者は環境内で既に知られている悪意のあるツールの機能を探したり、アクセスを取り除いたり、無効化したりすることで、攻撃者を検知して有効な活動を防止できる場合があります。

　ピラミッドの上部には攻撃者のTTPがあります。これらのメソッドを特定または軽減できるならば、攻撃者があなたの組織に対して使用するための新たなTTPを作成したり学んだりすることは困難になります。とはいえ当然ながら、あなたが防衛者として保護手段や対策を開発することにもまた苦痛が伴うでしょう。

ATT&CK フレームワーク

　MITREのATT&CK（Adversarial Tactics, Techniques, and Common Knowledge：攻撃的戦術、手法、および一般知識）フレームワークは、Lockheed Martin社のサイバーキルチェーンフレームワーク（図26-2参照）から多くの戦術を導き出すものです。サイバーキルチェーンフレームワークでは、攻撃ライフサイクルの7つの段階（偵察、武器化、配信、悪用、インストール、C&C、目的実行）の概要が示されています。ATT&CKフレームワークで特定されている戦術については、それぞれを検知または軽減するための手法とメソッドが例示されています。

第18章
第19章
第20章
第21章
第22章
第23章
第24章
第25章
第26章

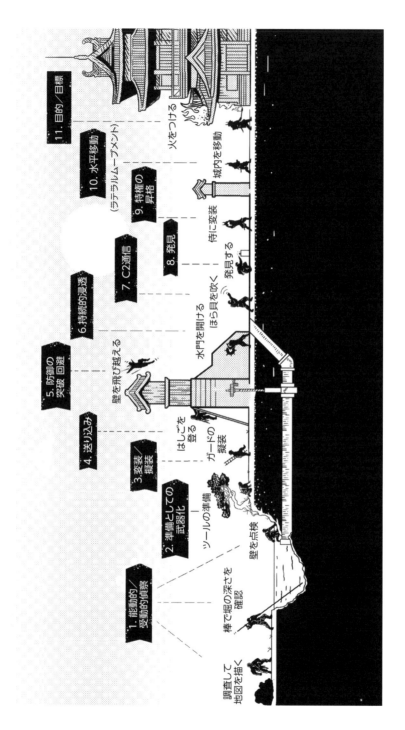

図26-2 忍者の攻撃チェーン（MITREのATT&CKフレームワーク[27]を改変）

　ATT&CK フレームワークには「手順」がないことに注意してください。手順を特定するには、国家または軍隊の攻撃的なサイバー作戦に関する書物を盗んで分析する必要があることを考えれば、その理由が理解できるでしょう。そのため高度な諜報脅威グループの手順が記されている万川集海、忍秘伝、そして正忍記のテキストは、議論を非常に豊かにしてくれるものなのです。

脅威情報

　セキュリティチームがこれらの戦術と技術を理解し、攻撃対象領域を特定し、現在のセキュリティ管理策を評価し、以前のインシデントの分析を実行して組織の防御の有効性を判断できれば、環境内で攻撃者に狙われそうな箇所の予測を始められるようになります。優れた脅威予測があれば脅威ハンティングを開始し、侵害を示している可能性のある指標や、脅威アクターが残した証拠を探すことができます。しかしながら、脅威アクターがどのように活動するのかを正確に理解していなければ、その存在を効果的に捜索または検知することは困難です。

　ここで価値を発揮するのが脅威情報です。**脅威情報**とは、必ずしも脅威フィード（マルウェア、ハッキングインフラストラクチャ、または脅威グループに関連する新しい IP やドメイン、URL、ファイルハッシュのリストなど）を意味するものではありません。むしろ**サイバー脅威情報**（**CTI** = Cyber Threat Intelligence）とは、マルウェアやハクティビスト、国家、犯罪者、DDoS 攻撃などといったサイバー脅威を収集および分析する従来の情報を指します。CTI を正しく利用すると、脅威が行っていることやその動機、および TTP についての実用的な情報と評価を得ることができます。簡単に言うと、脅威を効果的に理解して防御を行うには意思決定者が知識を持って防御措置を講じることが必要であり、CTI はその最良の方法のひとつなのです。

　残念ながら、多くの CTI 利用者は IoC のみに注意を払っています。IoC は脅威をブロックまたは検知するために、SIEM やファイアウォールなどのセキュリティ機器に取り込むことが容易であるからです。こうした運用は CTI の真の価値、すなわち CTI 分析者の詳細な観察と評価によって説明される脅威のふるまいやパターン、メソッド、帰属、コンテキストなどといった要素を打ち消してしまいます。CTI 製作者は脅威情報の収集方法を常に明らかにしているわけではありませんが、自分たちが知っていることや、脅威が特定の行動をとると信じている理由の評価に際しては、多くの場合透明性を保つように努めています。

　もちろん、脅威の理解を目的として情報レポートを使い、自環境への理解をも深めて

第18章
第19章
第20章
第21章
第22章
第23章
第24章
第25章
第26章

いくことは難しい要求となります。このプロセスには、迅速に学習して戦略的決定を下す能力を含む、幅広いスキルセットが求められます。しかしCTI利用者が脅威の各ステップやコード、戦術、および手法を理解するために時間を割くことができれば、将来の脅威の動きをうまく軽減、検知、対応、そして予測するための決定を下せるようになるでしょう。

26.2　サイバー脅威情報

　既に何十ものセキュリティソリューションを購入し、フルタイムのセキュリティ担当者を雇用して多数の脅威ベクトルを処理していることから、CTIを費用のかさむセキュリティモデルを締めくくる最後のコスト層と見なしている人もいます。とはいえ、CTIの利用によってセキュリティ戦略を改善できる可能性があり、他のすべてのセキュリティ層の有効性を高めることにも繋がるため、そのコストは正当化できるものです。残念ながら多くの場合、CTIの効果的な利用とは、特定の分野における最新の科学的発見のレポートを読むことに似ています。発見の意味を理解し、それに応じて文化、ビジネス戦略、およびテクノロジーを迅速に変更する必要があるためです。この激しい消費、統合、そして行動は、不可能ではなくともあまりに厳しい要求となるでしょう。これはCTIにおける最大の課題です。CTIとは、実行しやすい簡単な答えを提供してくれる水晶玉ではないのです。CTIプログラムについて適切な決定を下すために、以下のガイダンスを確認してください。

1. **サイバー脅威情報と脅威ハンティングを開発します。** 組織を無料または有料のCTIレポートに登録することを検討します。また、現時点において環境に攻撃を仕掛けている脅威の証拠を収集することで、独自の内部CTIの開発を開始します。CTIチームを設立して、発見したものを収集および分析し、その調査結果をIT、セキュリティ、およびビジネスの関係者に報告します。これらの関係者には、組織を狙っている存在やその侵入方法、ネットワーク上での目的、想定される目標、およびその目標を遂行する方法について理解してもらう必要があります。観察された特定の戦術に対する防御のために、情報システムに戦略的および運用上の保護手段、緩和策、対策を実装します。

セキュリティおよび情報担当者には、脅威ハンティングのための訓練を行います。あらゆる脅威に対処またはブロックできるわけではないため、専任のハントチームは CTI のパートナー、ベンダー、またはチームからの情報に基づいて、ネットワーク内の脅威の痕跡を常に探し続ける必要があります。パープルチーム演習によって脅威ハンティングを強化することもできます。この演習はレッドチームがネットワーク上で攻撃活動を行い、ブルーチームがそのハンティングを試みることで、脅威に対抗する方法を学ぶものです。

2. **CTI を利用して活用します。** メール、IT、セキュリティの各チームで卓上演習を実施して、脅威の TTP をシミュレートし、反応を確認します。たとえば、あなたの組織が Google リンク短縮機能（http://goo.gl/）を利用していたところ、そうした組織を狙ったフィッシングキャンペーンが発生しているという情報を受け取ったとします。業務を妨げることなく Google の IP、URL、またはドメインを単純にブロックするのは不可能であり、多くの組織の担当者がリンク短縮機能を正当な目的で利用しています。goo.gl リンクはウイルス対策ソフトウェアやプロキシ、またはフィッシングプロトコルで悪意のあるものとして正しく評価されないことから、CTI では攻撃者が goo.gl リンクを使用している可能性が高いと評価されています。セキュリティシステムは、Google がホワイトリストに登録されたサイトであることを認識しています。

   はじめに、現在の電子メールからそのリンクの証拠を探すことを試みます。多くの組織では、メール管理者が協力的でなかったり、goo.gl ハイパーリンクを含む受信メールを検索できるだけの可視性やリソースを有していないために、ここで最初の障壁にぶつかることになります。潜在的なフィッシングを隔離したり、IT およびセキュリティ以外の担当者に脅威の存在を警告したり、この脅威を検知して回避する方法についての訓練を行う際にも、さらなる障壁に阻まれる可能性があります。

   攻撃者があなたの組織を狙うためのさまざまなツール、戦術、および手法を有しているのと同じように、組織側も熟考、理解、工夫、そしてエンジニアリングを加えた独自のツールを備え、総合的かつ効果的な方法で脅威をうまくブロックし、対応していくことが必要です。たとえば、メール管理者は goo.gl リンク短縮サービスを検知するルールを作成できるかもしれませんが、他の人はどうでしょうか？うまくいけば、CTI チームはリンクやリンク短縮を用いたフィッシングによる脅

威を特定し、それらのリンクを検知、ブロック、あるいは軽減する方法を提示できるかもしれません。さらに、CTIチームは組織の人々にこのTTPを知らせておく必要があります。言い換えると、goo.glだけでなく、すべてのリンク短縮機能に目を向けてもらうべきでしょう。最後に、意思決定者は新しいアーキテクチャ、ポリシー、または管理策を伴って、この脅威に戦略的に対処しなければなりません。脅威の検知、軽減、および対応において組織が改善すべき部分を特定するためには、骨の折れる作業であるとしても、このプロセスを実施する必要があります。

城塞理論の思考訓練

　あなたが貴重な資産を有する中世の城の支配者であるシナリオを考えてください。あなたは警備員に「虫の突然の沈黙は侵入者の存在を示している可能性がある」というセキュリティ意識プロトコルを教えていましたが、このプロトコルがコオロギを入れた箱を持ち運ぶ忍によって打ち消されたという情報を受け取りました。攻撃者が持ち運ぶコオロギは警備員を欺き、異状がないものと思い込ませます。

　沈黙と騒音のどちらも忍の侵入者の接近を示している可能性があるという紛らわしい現実に対処するために、警備員の再訓練を行う方法を検討してください。警備員が忍の接近を検知するのに役立つ、追加の捜索または監視のメソッドにはどういったものがありますか？　コオロギ箱の存在を検知したり、対策を展開するにはどうすればよいでしょうか？　最後に、敵の忍はあなたの新たな対策と保護手段に対して、どのように反応するでしょうか？

26.3　推奨されるセキュリティ管理策と緩和策

　各推奨事項は、必要に応じて NIST 800-53 標準の該当するセキュリティ管理策とともに提示されており、セキュリティ意識、TTP、および CTI の考え方を念頭に置いて評価する必要があります。

1. 組織内のすべての役割の担当者にセキュリティ意識向上トレーニングを提供して、従業員が遭遇した脅威に迅速に対応する方法を判断できるようにします。
   [AT-2：セキュリティ意識向上トレーニング／ PM-13：情報セキュリティ要員]

2. 脅威、インシデント、情報、および攻撃者の TTP の分析と、それらの脅威への対策と保護手段の開発に専念するチームを設けます。
   [IR-10：統合情報セキュリティ分析チーム]

3. 外部のセキュリティグループや脅威共有機関と提携して、自組織に関連する脅威の情報を受け取ります。
   [PM-15：セキュリティグループやセキュリティ団体と連絡を取り合う]

4. 脅威情報、脅威を軽減する方法、および侵害の指標に関する詳細を共有する脅威認識プログラムを実装します。
   [PM-16：脅威意識向上のためのプログラム]

5. 信頼できる脅威情報と知識を用いて、脅威を示す活動やふるまい、パターンなどといった観察可能な要素の捜索と監視を行います。
   [SI-4：情報システムのモニタリング]

26.4　おさらい

　この章では、いくつかの忍の TTP について確認しました。特に、防衛者と攻撃者の双方によって蟠り付けの TTP とその対抗戦術が共進化し、耐障害性のセキュリティシステムが登場するまでの様子を見ていきました。その他のサイバー脅威戦術についても調査し、一方が他方に対抗しようとするたびに戦術が発展していき、やがて復元力を有するシステムが現われることを確認しました。サイバー脅威情報について論じるとともに、攻撃者が何をどのように行い、何をしようとしているのかを知るだけでは不十分である理由について説明しました。CTI の有効活用のためには、何らかの方法で脅威に対処することを見越した利用が必要となります。城塞理論の思考訓練では、防衛者による観察可能な要素の発見と、その後の脅威に対する戦術の変更に関する明確な例を見ていきました。この思考演習は脅威ハンターや異常検知器、さらには機械学習システムをも欺くためのシステム／ネットワークログのスプーフィングと比較できるものであり、こうした脅威は現代に再び現れる可能性があります。この章の中で（おそらく本書の中でも）最も重要な教訓は、脅威情報を利用し、動的な脅威に革新的な方法で対応していくことが大切であるという点です。

参考文献

第0章　イントロダクション

[1] "SP 800-53 Rev. 5 (DRAFT): Security and Privacy Controls for Information Systems and Organizations," Computer Security Resource Center, National Institute of Standards and Technology, published August 2017, *https://bit.ly/ 3hX2MUf*.

[2] Antony Cummins and Yoshie Minami, *True Path of the Ninja* (North Clarendon, VT: Tuttle Publishing, 2017), 30.

[3] Antony Cummins, *In Search of the Ninja: The Historical Truth of Ninjutsu*(Stroud, England: The History Press: 2013), 37.

[4] Stephen Turnbull, *Ninja AD 1460–1650* (Oxford, England: Osprey Publishing,2003), 5.

[5] Cummins and Minami, *True Path,* 23.

[6] Antony Cummins and Yoshie Minami, *The Secret Traditions of the Shinobi* (Berkeley, CA: Blue Snake Books, 2012), 8.

[7] Cummins and Minami, *True Path,* 36.

[8] Turnbull, *Ninja AD 1460–1650,* 9.

[9] Oscar Ratti and Adele Westbrook, *Secrets of the Samurai: The Martial Arts of Feudal Japan* (North Clarendon, VT: Tuttle Publishing, 2016), 281.

[10] Cummins and Minami, *True Path,* 41.

[11] Antony Cummins and Yoshie Minami, *The Book of Ninja* (London: Watkins Publishing, 2013), 206.

[12] Turnbull, *Ninja AD 1460–1650,* 17.

[13] Turnbull, *Ninja AD 1460–1650,* 12.

[14] Cummins and Minami, *The Book of Ninja,* 32.

[15] Cummins and Minami, *True Path,* 162.

[16] Cummins and Minami, *True Path,* 107–109, 168.

[17] Cummins and Minami, *True Path,* 162.

[18] Cummins and Minami, *The Book of Ninja,* 102–103, 122, 148, 194.

[19] Cummins and Minami, *True Path,* 72.

[20] Cummins and Minami, *True Path,* 82.

[21] Cummins and Minami, *True Path,* 88.

第1章　ネットワークのマッピング

[1] Antony Cummins and Yoshie Minami, *The Book of Ninja* (London: Watkins Publishing, 2013), 55.

[2]「義盛百首」第6-10首、第24首

[3] Cummins and Minami, *"Shochi I—A Guideline for Commanders I,"* in *The Book of Ninja,* 55–65.

[4] Gordon Lyon, "Nmap: The Network Mapper," Insecure.org, updated March 18, 2018, *https://nmap. org*.

[5] Cummins and Minami, *The Book of Ninja,* 168.

[6] Cummins and Minami, *The Book of Ninja,* 148.

第2章　特別の注意を払ってガードする

[1] Antony Cummins and Yoshie Minami, *The Book of Ninja* (London: Watkins Publishing, 2013), 93.

[2] Cummins and Minami, *The Book of Ninja,* 183.

[3] Cummins and Minami, *The Book of Ninja,* 146.

[4] *Cybersecurity Framework,* National Institute of Standards and Technology, updated September 2018, *https://www.nist.gov/cyberframework/*.

[5] Adam Shostack, "STRIDE chart," *Microsoft Secure* (blog), Microsoft Corporation, September 11, 2007, *https://bit.ly/39aeOWy*.

第3章　鎖国セキュリティ

[1] Antony Cummins and Yoshie Minami, *The Secret Traditions of the Shinobi*(Berkeley, CA: Blue Snake

Books, 2012), 41 .

[2] Cummins and Minami, *Secret Traditions,* 48 .

[3] Cummins and Minami, *Secret Traditions,* 41–43, 47 .

第 4 章　識別チャレンジ

[1] Antony Cummins and Yoshie Minami, *The Book of Ninja* (London: Watkins Publishing, 2013), 91 .

[2] Cummins and Minami, *The Book of Ninja,* 92 .

[3] Cummins and Minami, *The Book of Ninja,* 126 .

第 5 章　二重封印パスワード

[1] Antony Cummins and Yoshie Minami, *The Secret Traditions of the Shinobi* (Berkeley, CA: Blue Snake Books, 2012), 100 .

[2] Cummins and Minami, *Secret Traditions,* 192 .

[3] Cummins and Minami, *The Book of Ninja,* 127 .

[4] Cummins and Minami, *The Book of Ninja,* 127 .

[5] Antony Cummins and Yoshie Minami, *True Path of the Ninja* (North Clarendon, VT: Tuttle Publishing, 2017), 80 .

[6] HBO シリーズ TheWire のファンは、これをシーズン 1、エピソード 5（「ThePager」）で壊れた「jump the 5」コードとして覚えているかもしれません。

第 6 章　侵入時間

[1] Antony Cummins and Yoshie Minami, *True Path of the Ninja* (North Clarendon, VT: Tuttle Publishing, 2017), 78 .

[2] Antony Cummins and Yoshie Minami, *The Secret Traditions of the Shinobi* (Berkeley, CA: Blue Snake Books, 2012), 158 .

[3] Cummins and Minami, *True Path,* 79 .

[4] Cummins and Minami, *True Path,* 79 .

[5] Antony Cummins and Yoshie Minami, "*Tenji I*—Opportunities Bestowed by Heaven I," *in The Book of Ninja* (London: Watkins Publishing, 2013), 268–293 .

[6] "SP 800-154 (DRAFT): Guide to Data-Centric System Threat Modeling," Computer Security Resource Center, National Institute of Standards and Technology, March 2016, *https://bit.ly/3bjQofW* .

第 7 章　時間情報へのアクセス

[1] Antony Cummins and Yoshie Minami, *The Book of Ninja* (London: Watkins Publishing, 2013), 313 .

[2] Cummins and Minami, *The Book of Ninja,* 169 .

[3] Antony Cummins and Yoshie Minami, *True Path of the Ninja* (North Clarendon, VT: Tuttle Publishing, 2017), 85 .

[4] Richard Kayser, "Die exakte Messung der Luft durchgängigkeit der Nase," *Arch. Laryng. Rhinol.* 8 (1895), 101 .

[5] Symantec Security Response, "The Shamoon Attacks," *Symantec Official Blog,* Symantec Corporation, August 16, 2012, https://bit.ly/2L2Az2z .

第 8 章　ツール

[1] Antony Cummins and Yoshie Minami, *The Secret Traditions of the Shinobi* (Berkeley, CA: Blue Snake Books, 2012), 17 .

[2] Antony Cummins and Yoshie Minami, *The Book of Ninja* (London: Watkins Publishing, 2013), 188, 342 .

[3] Antony Cummins and Yoshie Minami, *True Path of the Ninja* (North Clarendon, VT: Tuttle Publishing, 2017), 101 .

[4] Cummins and Minami, *True Path,* 112 .

[5] Cummins and Minami, *The Book of Ninja,* 317 .

[6] "Sword hunt," Wikipedia, Wikimedia Foundation, last modified November 26, 2018, *https://en.wikipedia.org/wiki/Sword_hunt/* .

[7] Cummins and Minami, *The Book of Ninja*, 189 .

[8] Cummins and Minami, *The Book of Ninja*, 342 .

第9章 センサー

[1] Antony Cummins and Yoshie Minami, *The Book of Ninja* (London: Watkins Publishing, 2013), 96 .

[2] Cummins and Minami, *The Book of Ninja*, 96 .

[3] Cummins and Minami, *The Book of Ninja*, 97 .

[4] Cummins and Minami, *The Book of Ninja*, 90 .

[5] Cummins and Minami, *The Book of Ninja*, 91 .

第10章 橋と梯子

[1] Antony Cummins and Yoshie Minami, *The Book of Ninja* (London: Watkins Publishing, 2013), 183 .

[2] Cummins and Minami, "Ninki I—Ninja Tools I," in *The Book of Ninja*, 317–325 .

[3] Antony Cummins and Yoshie Minami, *The Secret Traditions of the Shinobi* (Berkeley, CA: Blue Snake Books, 2012), 104–105 .

[4] Cummins and Minami, *The Book of Ninja*, 318–320 .

[5] Cummins and Minami, *The Book of Ninja*, 317 .

[6] Antony Cummins and Yoshie Minami, *True Path of the Ninja* (North Clarendon, VT: Tuttle Publishing, 2017), 82 .

[7] Cummins and Minami, *The Book of Ninja*, 29 .

[8] TEMPEST Equipment Selection Process, NCI Agency, accessed September 25, 2018, *https://bit.ly/2LfB3SK* .

第11章 ロック

[1] Antony Cummins and Yoshie Minami, *The Book of Ninja* (London: Watkins Publishing, 2013), 354–355 .

[2] Cummins and Minami, "A Short Introduction to Japanese Locks and the Art of Lock-picking" in *The Book of Ninja*, xxix–xxxii .

[3] Cummins and Minami, *The Book of Ninja*, 342 .

[4] Antony Cummins and Yoshie Minami, *The Secret Traditions of the Shinobi* (Berkeley, CA: Blue Snake Books, 2012), 34 .

[5] Antony Cummins and Yoshie Minami, *True Path of the Ninja* (North Clarendon, VT: Tuttle Publishing, 2017), 102 .

[6] 情報システムとデータのロックについては確かに説明する価値がありますが、この章では、**ロック**とは、情報システムと環境へのアクセスをブロックするために使用される物理的なロックを指します。

第12章 水月の術

[1] Antony Cummins and Yoshie Minami, *The Book of Ninja* (London: Watkins Publishing, 2013), 133 .

[2] Cummins and Minami, *The Book of Ninja*, 133 .

[3] Cummins and Minami, *The Book of Ninja*, 134 .

[4] Cummins and Minami, *The Book of Ninja*, 134 .

[5] Daniel Kahneman, *Thinking, Fast and Slow* (New York: Farrar, Straus and Giroux, 2013) .
ダニエル・カーネマン　著　村井章子　訳「ファスト＆スロー あなたの意思はどのように決まるか？」
(ハヤカワ・ノンフィクション文庫、2014年)

第13章 身虫の術

[1] Antony Cummins and Yoshie Minami, *The Book of Ninja* (London: Watkins Publishing, 2013), 109–110 .

[2] Cummins and Minami, *The Book of Ninja*, 109–110 .

[3] Cummins and Minami, *The Book of Ninja*, 109–110 .

[4] Cummins and Minami, *The Book of Ninja*, 110 .

[5] Cummins and Minami, *The Book of Ninja*, 110 .

第14章　桂男の術

[1] Antony Cummins and Yoshie Minami, *The Book of Ninja* (London: Watkins Publishing, 2013), 104 .

[2] Cummins and Minami, *The Book of Ninja*, 104–106 .

[3] R. E. Smith, "A Contemporary Look at Saltzer and Schroeder's 1975 Design Principles," *IEEE Security & Privacy* 10, no. 6 (2012): 20–25 .

第15章　蛍火の術

[1] Antony Cummins and Yoshie Minami, *The Book of Ninja* (London: Watkins Publishing, 2013), 111 .

[2] Antony Cummins and Yoshie Minami, *True Path of the Ninja* (North Clarendon, VT: Tuttle Publishing, 2017), 122 .

[3] Cummins and Minami, *The Book of Ninja*, 112 .

[4] Cummins and Minami, *The Book of Ninja*, 114 .

[5] Cummins and Minami, *The Book of Ninja*, 112 .

[6] これについては、Cliff Stoll の著書「The Cuckoo's Egg:Tracking a Spy Through the Maze of Computer Espionage」(New York:Pocket Books、2005) で詳しく説明されています。

[7] Cameron H. Malin et al., *Deception in the Digital Age: Exploiting and Defending Human Targets Through Computer-Mediated Communications* (London: Elsevier , 2017), 221; Brandon Valeriano et al., Cyber Strategy: *The Evolving Character of Power and Coercion* (New York: Oxford University Press, 2018), 138 .

[8] 詳細については、Richards J. HeuerJr。と RandolphH.Pherson の著書「StructuredAnalyticTechniques for Intelligence Analysis」(Los Angeles:CQ Press、2015 年) を参照してください。

第16章　ライブキャプチャ

[1] Antony Cummins and Yoshie Minami, *The Book of Ninja* (London: Watkins Publishing, 2013), 96 .

[2] Antony Cummins and Yoshie Minami, *The Secret Traditions of the Shinobi* (Berkeley, CA: Blue Snake Books, 2012), 102 .

[3] Cummins and Minami, *The Book of Ninja*, 160, 420, 464, 467 .

[4] Cummins and Minami, *The Book of Ninja*, 161 .

[5] Cummins and Minami, *The Book of Ninja*, 213, 219, 221 .

[6] Cummins and Minami, *The Book of Ninja*, 216 .

[7] Cummins and Minami, *Secret Traditions*, 154 .

第17章　火攻め

[1] Antony Cummins and Yoshie Minami, *The Book of Ninja* (London: Watkins Publishing, 2013), 62 .

[2] Antony Cummins and Yoshie Minami, *The Secret Traditions of the Shinobi* (Berkeley, CA: Blue Snake Books, 2012), 31–34, 87–91, 167 .

[3] Cummins and Minami, *Secret Traditions*, 90 .

[4] Cummins and Minami, *The Book of Ninja*, 61 .

[5] Motoo Hinago and William Coaldrake, *Japanese Castles* (New York: Kodansha USA, 1986), 98 .

[6] Cummins and Minami, *Secret Traditions*, 119 .

[7] Cummins and Minami, *The Book of Ninja*, 75–76 .

[8] Cummins and Minami, *Secret Traditions*, 162 .

[9] Pierluigi Paganini, "BAE Systems report links Taiwan heist to North Korean LAZARUS APT," *Cyber Defense Magazine* (website), October 18, 2017, *https://bit.ly/3s3PCcS* .

[10] Symantec Security Response, "Shamoon: Back from the dead and destructive as ever," *Symantec Official Blog*, November 30, 2016, *https://bit.ly/3oqdkxK* .

[11] Kim Zetter, "A Cyberattack Has Caused Confirmed Physical Damage for the Second Time Ever," *WIRED*, January 8, 2015, *https://bit.ly/3nqx0Aj* .

[12] Andy Greenberg, "'Crash Override': The Malware That Took Down a Power Grid," *WIRED*, June 12, 2017, *https://bit.ly/38oMhgz* .

[13] Sharon Weinberger, "How Israel Spoofed Syria's Air Defense System," *WIRED*, October 4, 2017, *https://bit.ly/35i67Za* .

[14] Kim Zetter, "An Unprotected Look at STUXNET, the World's First Digital Weapon," WIRED, November 3, 2014, *https://bit.ly/3ooEULS* .

[15] For more information, see "Chaos Monkey," GitHub, Inc., Lorin Hochstein, last modified July 31, 2017, *https://bit.ly/3noAJhL* .

[16] Allan Liska and Timothy Gallo, *Ransomware: Defending Against Digital Extortion* (Sebastopol, CA: O'Reilly Media, 2017), 73 .

第18章　秘密のコミュニケーション

[1] Antony Cummins and Yoshie Minami, *The Book of Ninja* (London: Watkins Publishing, 2013), 67–69, 102 .

[2] Cummins and Minami, *The Book of Ninja*, 70 .

[3] Antony Cummins and Yoshie Minami, *The Secret Traditions of the Shinobi* (Berkeley, CA: Blue Snake Books, 2012), 96 .

[4] Cummins and Minami, *The Book of Ninja*, 70–72 .

[5] "APT17," Advanced Persistent Threat Groups, FireEye Inc., last accessed February 7, 2020, *https://bit.ly/2Xl1QQ7* .

第19章　コールサイン

[1] Antony Cummins and Yoshie Minami, *The Secret Traditions of the Shinobi* (Berkeley, CA: Blue Snake Books, 2012), 84 .

[2] Dmitri Alperovitch, "*CrowdStrike's* work with the Democratic National Committee: Setting the record straight," *CrowdStrike Blog*, CrowdStrike, last modified January 22, 2020, *https://bit.ly/3rYVHr3* .

[3] Charlie Osborne, "Create a single file to protect yourself from the latest ransomware attack," *Zero Day* (blog), ZDNet, CBS Interactive, June 28, 2017, *https://bit.ly/35lPQ5d* .

第20章　光と騒音とごみの抑制

[1] Antony Cummins and Yoshie Minami, *The Book of Ninja* (London: Watkins Publishing, 2013), 209 .

[2] Cummins and Minami, *The Book of Ninja*, 211 .

[3] Antony Cummins and Yoshie Minami, *The Secret Traditions of the Shinobi* (Berkeley, CA: Blue Snake Books, 2012), 54 .

[4] Antony Cummins and Yoshie Minami, *True Path of the Ninja* (North Clarendon, VT: Tuttle Publishing, 2017), 63–64 .

[5] Cummins and Minami, *Secret Traditions*, 55 .

[6] Cummins and Minami, *The Book of Ninja*, 178–179 .

[7] Cummins and Minami, *The Book of Ninja*, 188 .

[8] "Nmap: The Network Mapper," Insecure.org, Gordon Lyon, updated August 10, 2019, *https://nmap.org* .

[9] "Software: China Chopper," ATT&CK, The MITRE Corporation, last modified April 24, 2019, *https://bit.ly/3q019YR* .

[10] Wireshark, The Wireshark Corporation, last accessed February 7, 2020, *https://www.wireshark.org* .

第21章　侵入に適した環境

[1] Antony Cummins and Yoshie Minami, *The Book of Ninja* (London: Watkins Publishing, 2013), 174, 199, 201 .

[2] Cummins and Minami, *The Book of Ninja*, 175 .

[3] Antony Cummins and Yoshie Minami, *The Secret Traditions of the Shinobi* (Berkeley, CA: Blue Snake Books, 2012), 133 .

[4] Cummins and Minami, *The Book of Ninja*, 201 .

[5] Cummins and Minami, *The Book of Ninja*, 200–201 .

[6] Cummins and Minami, *The Book of Ninja*, 74 .

第22章　ゼロデイ

[1] Antony Cummins and Yoshie Minami, *True Path of the Ninja* (North Clarendon, VT: Tuttle Publishing, 2017), 105 .

[2] Antony Cummins and Yoshie Minami, *The Book of Ninja* (London: Watkins Publishing, 2013), 67 .

[3] Cummins and Minami, True Path, 166 .

[4] Antony Cummins and Yoshie Minami, *The Secret Traditions of the Shinobi* (Berkeley, CA: Blue Snake Books, 2012), 51 .

[5] Cummins and Minami, *The Book of Ninja*, 212 .

[6] Cummins and Minami, *True Path*, 175 .

[7] Cummins and Minami, "*Shochi* I: A Guideline for Commanders I" to "*Shochi* V: A Guideline for Commanders V" in *The Book of Ninja* .

[8] Cummins and Minami, *The Book of Ninja*, 502 .

[9] Cummins and Minami, *The Book of Ninja*, 98 .

[10] Cummins and Minami, *The Book of Ninja*, 56 .

[11] Cummins and Minami, *True Path*, 43, 148 .

[12] "W32.Stuxnet," Symantec Security Center, Symantec Corporation, last modified September 16, 2017, *https://bit.ly/3bfoW2R* .

[13] Cummins and Minami, *The Book of Ninja*, 185 .

[14] "BoringSSL," Git repositories on boringssl, last accessed September 26, 2018, *https://bit.ly/3s1mrHk* .

[15] Cummins and Minami, *The Book of Ninja*, 98 .

[16] Cummins and Minami, *True Path*, 154 .

第23章　忍びの採用

[1] Antony Cummins and Yoshie Minami, *The Book of Ninja* (London: Watkins Publishing, 2013), 77–79 .

[2] Cummins and Minami, *The Book of Ninja*, 37 .

[3] Cummins and Minami, *The Book of Ninja*, 33, 36, 40 .

[4] Cummins and Minami, *The Book of Ninja*, 79–80 .

[5] Antony Cummins and Yoshie Minami, *True Path of the Ninja* (North Clarendon, VT: Tuttle Publishing, 2017), 74 .

[6] Cummins and Minami, *True Path*, 125 .

[7] Cummins and Minami, *True Path*, 158 .

[8] Cummins and Minami, *The Book of Ninja*, 79 .

[9] "The ASVAB Test," Military.com, Military Advantage, last accessed February 7, 2020, *https://bit.ly/2Xle3Eu* .

[10] "Entering the Military: DLAB," Military.com, Military Advantage, last accessed February 7, 2020, *https://bit.ly/39fvNXc* .

[11] "SP 800-16: Information Technology Security Training Requirements: A Role- and Performance-Based Model," Computer Security Resource Center, National Institute of Standards and Technology, published April 1998, *https://bit.ly/3otA9QY* .

第24章　衛兵所でのふるまい

[1] Antony Cummins and Yoshie Minami, *The Book of Ninja* (London: Watkins Publishing, 2013), 128, 178–180, 259 .

[2] Cummins and Minami, *The Book of Ninja*, 93, 222 .

[3] Cummins and Minami, *The Book of Ninja*, 93 .

[4] Antony Cummins and Yoshie Minami, *The Secret Traditions of the Shinobi* (Berkeley, CA: Blue Snake Books, 2012), 164 .

[5] "Department of Defense Cybersecurity Culture and Compliance Initiative (DC31)," U.S. Department of Defense, published September 2015, *https://bit.ly/3s1npTY* .

[6] Cummins and Minami, *The Book of Ninja*, 93 .

第25章 ゼロトラストの脅威管理

[1] Antony Cummins and Yoshie Minami, *The Book of Ninja* (London: Watkins Publishing, 2013), 83 .

[2] Cummins and Minami, *The Book of Ninja*, 84 .

[3] Cummins and Minami, *The Book of Ninja*, 83 .

[4] Cummins and Minami, *The Book of Ninja*, 84 .

[5] Cummins and Minami, *The Book of Ninja*, 84 .

[6] "Sensitive but Unclassified IP Data," Network Services, Defense Information Systems Agency, last accessed February 7, 2020, *https://bit.ly/2Xl9s57* .

第26章 忍のスパイ技術

[1] Antony Cummins and Yoshie Minami, *True Path of the Ninja* (North Clarendon, VT: Tuttle Publishing, 2017), 19 .

[2] Antony Cummins and Yoshie Minami, *The Secret Traditions of the Shinobi* (Berkeley, CA: Blue Snake Books, 2012), 77 .

[3] Antony Cummins and Yoshie Minami, *The Book of Ninja* (London: Watkins Publishing, 2013), 202 .

[4] *Classiques de l'Orient*, 5 (1921), 193 .

[5] Cummins and Minami, *The Book of Ninja*, 67 .

[6] Cummins and Minami, *Secret Traditions*, 81 .

[7] Cummins and Minami, *The Book of Ninja*, 66 .

[8] Cummins and Minami, *The Book of Ninja*, 93 .

[9] Cummins and Minami, *Secret Traditions*, 159 .

[10] Cummins and Minami, *The Book of Ninja*, 208 .

[11] Donn F. Draeger, *Ninjutsu: The Art of Invisibility* (North Clarendon, VT: Tuttle Publishing, 1989), 65 .

[12] Cummins and Minami, *Secret Traditions*, 160 .

[13] Cummins and Minami, *The Book of Ninja*, 95 .

[14] Cummins and Minami, *Secret Traditions*, 161 .

[15] Cummins and Minami, *The Book of Ninja*, 95 .

[16] Cummins and Minami, *Secret Traditions*, 160 .

[17] Cummins and Minami, *The Book of Ninja*, 95 .

[18] Cummins and Minami, *Secret Traditions*, 160–161 .

[19] Cummins and Minami, *Secret Traditions*, 161 .

[20] Sqrrl Team, "A Framework for Cyber Threat Hunting Part 1: The Pyramid of Pain," *Threat Hunting Blog*, Sqrrl, July 23, 2015, *https://www.threathunting.net/ sqrrl-archive* .

[21] Blake E. Strom, "Adversarial Tactics, Techniques & Common Knowledge," ATT&CK, The MITRE Corporation, September 2015, *https://bit.ly/38oSrNJ* .

[22] "APT1: Exposing One of China's Cyber Espionage Units," Mandiant, FireEye, FireEye Inc., February 2013, *https://bit.ly/2LbnPqg* .

[23] "The Cyber Kill Chain," Lockheed Martin, Lockheed Martin Corporation, last accessed February 7, 2020, *https://bit.ly/2XjYrRN* .

[24] Cris Carreon, "Applying Threat Intelligence to the Diamond Model of Intrusion Analysis," *Recorded Future Blog*, Recorded Future Inc., July 25, 2018, *https://bit.ly/39kPe1c* .

[25] "Structured Threat Information eXpression (STIX) 1.x Archive Website," STIX, The MITRE Corporation, last accessed February 7, 2020, https:// stixproject.github.io .

[26] David Bianco, "The Pyramid of Pain," *Enterprise Detection & Response* (blog), last updated January 17, 2014, *https://bit.ly/3s31prV* .

[27] "Adversarial Tactics, Techniques, & Common Knowledge Mobile Profile," ATT&CK, The MITRE Corporation, last modified May 2, 2018, *https://attack.mitre.org* .

索引

[著者 プロフィール]

Ben McCarty（ベン・マッカーティ）

元 NSA（アメリカ国家安全保障局）の開発者であり、米国陸軍の退役軍人。陸軍ネットワーク戦大隊所属の最初のサイバー戦スペシャリスト（35Q）の一人。これまでハッカー、インシデント・ハンドラー、脅威ハンター、マルウェアアナリスト、ネットワークセキュリティエンジニア、コンプライアンス監査人、脅威インテリジェンスプロフェッショナル、能力開発者として活躍してきた。また、複数のセキュリティ関連の特許や認証を取得している。現在は、ワシントン DC にて量子セキュリティ研究者として活躍している。

[テクニカルレビューア プロフィール]

Ari Schloss（アリ・シュロス）

連邦政府の IRS（アメリカ合衆国内国歳入庁）でサイバーセキュリティのキャリアをスタートし、DHS や CMS（Medicare）と契約を結んでいる。NIST 800-53/800-171 のコンプライアンス、サイバーセキュリティの防御運用、フォレンジックの経験を持つ。Information Assurance(情報保証) の修士号と MBA を取得している。現在、メリーランド州の防衛関連企業でセキュリティエンジニアを務めている。

[訳者 プロフィール]

Smoky（スモーキー）

平成元年創業のゲーム会社の代表、他数社の代表や役員を兼任。サイバーセキュリティと機械学習の研究がライフワークで生涯現役エンジニアを標榜中。愛煙家で超偏食。2020 年度から大学院で機械学習の病理診断への応用を研究中。

Twitter：@smokyjp

Web サイト：https://www.wivern.com/

[STAFF]

カバーデザイン：海江田 暁 （Dada House）
制作：Dada House
編集担当：山口正樹

サイバー術
プロに学ぶサイバーセキュリティ

2021年11月25日　初版第1刷発行

著　者…………Ben McCarty
訳　者…………Smoky
発行者…………滝口直樹
発行所…………株式会社 マイナビ出版
　　　　　　　〒101-0003 東京都千代田区一ツ橋2-6-3 一ツ橋ビル2F
　　　　　　　TEL：0480-38-6872（注文専用ダイヤル）
　　　　　　　　　　03-3556-2731（販売）
　　　　　　　　　　03-3556-2736（編集）
　　　　　　　E-mail：pc-books@mynavi.jp
　　　　　　　URL：https://book.mynavi.jp
印刷・製本……シナノ印刷 株式会社

ISBN 978-4-8399-7738-2
Printed in Japan.